有机化学学习指导

主　编　安　琼　陈冬生
参　编　刘家言　张　明

东南大学出版社
SOUTHEAST UNIVERSITY PRESS
·南京·

图书在版编目(CIP)数据

有机化学学习指导 / 安琼,陈冬生主编. —南京 ：东南大学出版社,2019.1(2024.12重印)

ISBN 978-7-5641-8296-0

Ⅰ.①有… Ⅱ.①安… ①陈… Ⅲ.①有机化学—医学院校—教学参考资料 Ⅳ.①O62

中国版本图书馆CIP数据核字(2019)第024667号

有机化学学习指导

出版发行	东南大学出版社
地　　址	南京市四牌楼2号　邮编:210096
出 版 人	江建中
网　　址	http://seupress.com
经　　销	全国各地新华书店
印　　刷	兴化印刷有限责任公司
开　　本	787mm×1092 mm　1/16
印　　张	10.75
字　　数	257千字
版　　次	2019年1月第1版
印　　次	2024年12月第5次印刷
书　　号	ISBN 978-7-5641-8296-0
定　　价	32.00元

(本社图书若有印装质量问题,请直接与营销部联系,电话：025-83791830)

前　言

有机化学是高等医学院校本科教学的一门重要基础课，由于其内容丰富，知识体系庞杂，往往使初学者不易抓住重点。编者在有机化学的教学实践中体会到：通过习题的内容来反映各章的重点和要求，通过解题的过程让学生了解、掌握和灵活运用所学知识，从而提高分析问题和解决问题的能力，这是一个很有效的教学方法。

为了有助于学生加深理解和牢固掌握所学内容，同时在教学上有选择余地，故本书所列习题较多，但既注意了一定的深度和广度，又控制了所选内容原则上不超出大纲的范围。全书共18章：绪论，烷烃及环烷烃，烯烃，炔烃和二烯烃，芳香烃，对映异构，卤代烃，醇、酚、醚、醛、酮，羧酸和取代羧酸，羧酸衍生物，羟酸衍生物涉及碳负离子的反应及在合成中的应用，胺，协同反应，杂环化合物，糖类，脂类，氨基酸、多肽和蛋白质。每章内容分为三个部分：第一部分为知识点总结，主要对各章节内容进行简明扼要的叙述和归纳；第二部分为复习题，题型主要包括选择题、命名题、反应题、推断题和机理题，题型多样，内容丰富，有助于学生开阔思路，提高解决实际问题的能力；第三部分为参考答案。本书还提供了四套综合测试，有助于学生在学期末进行复习巩固和自我测试。

编辑习题、解析思路、整理正确答案是一项长期的、艰苦的工作，要想编写一本内容丰富、形式多样、富有启发性的习题集更非易事。编者虽有此良好愿望，但限于水平有限，离上述要求还有一定差距。期盼本书能为广大医学生和读者学习有机化学提供导航性帮助。我们诚恳欢迎广大师生和读者对本书的错误或不妥之处提出批评和建议。

编　者

2019年2月

目　录

第一章 绪 论

知识点总结

一、有机化学的研究对象

1. 有机化合物是指碳氢化合物以及从碳氢化合物衍生而得的化合物。有机化学是研究有机化合物组成、结构、性质、合成方法及变化规律的学科。

2. 有机化合物具有分子组成复杂、同分异构现象普遍、容易燃烧、难溶于水而易溶于有机溶剂、熔沸点低、反应速率较慢、反应复杂、副反应多等特点。

二、有机物结构的表示方法

1. Lewis 电子式：用电子对表示共价键结构的化学式。书写规则：八隅律。

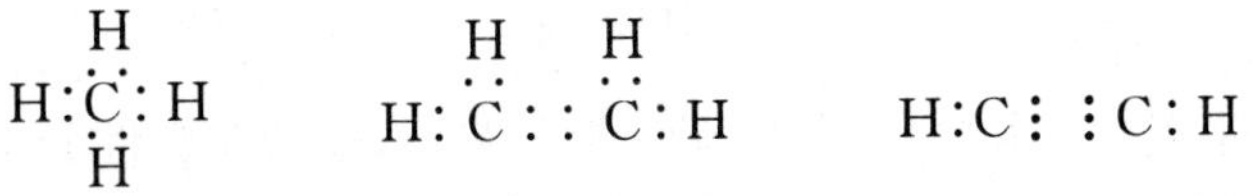

H:C:H（上下各一 H） H:C::C:H（两 C 上各一 H） H:C⋮⋮C:H

2. 结构式：用一根短横线代表一对共用电子对。

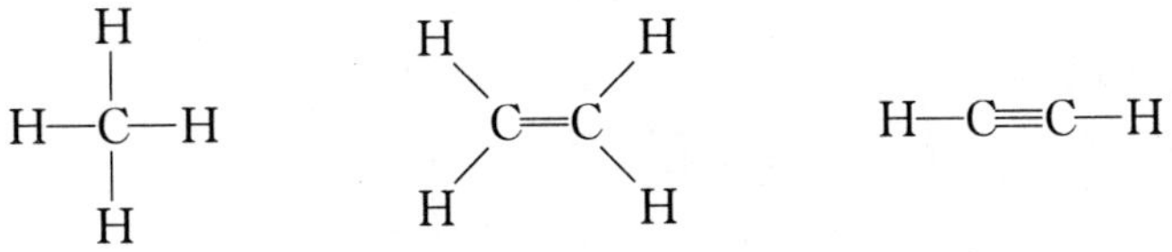

H—C—H（上下各一 H） $H_2C{=}CH_2$（C═C，两端各连两个 H） H—C≡C—H

也可以用简略式书写：

CH_4 $CH_2{=}CH_2$ $CH{\equiv}CH$ $(CH_3)_3C(CH_2)_3CH(CH_3)_2$

3. 键线式：省略所有的碳、氢原子，每一个端点和折角都表示一个碳原子，官能团不能省略。

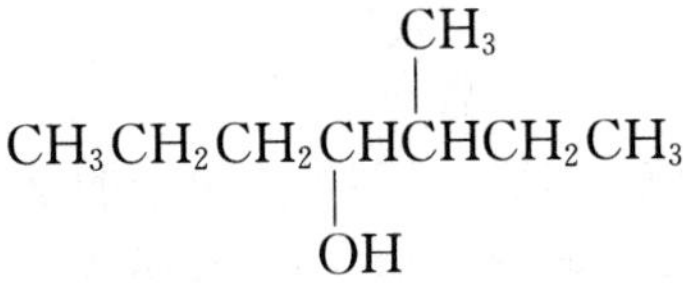

$CH_3CH_2CH_2CH(OH)CH(CH_3)CH_2CH_3$ 简化为（键线式，OH）

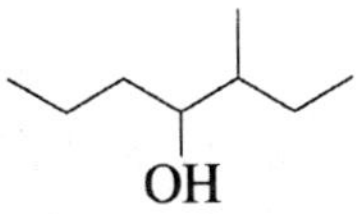

三、共价键的一些基本概念

（一）杂化轨道理论

在有机化合物中，碳并不直接以原子轨道参与形成共价键，而是先杂化，后成键。碳原子有 3 种杂化形式：sp^3、sp^2 和 sp 杂化。sp^3 杂化碳呈正四面体形状，夹角均为 $109°28'$；sp^2 杂化碳的三个 sp^2 杂化轨道处于同一平面，其夹角均为 120°；sp 杂化碳的两个 sp 杂化轨道呈直线形，夹角为 180°。

（二）共价键的键参数

1. 键长：形成共价键的两个原子核间距离。键长：单键＞双键＞三键。

同一类型的共价键的键长在不同的化合物中可能稍有区别。

$$CH_3—CH_3 \qquad CH_3—CH{=}CH_2 \qquad CH_3—C{\equiv}CH$$

0.153 0 nm　　0.151 0 nm　　0.145 6 nm

2. 键角：两个共价键之间的夹角。

3. 键能：键能越大，键越牢固。

4. 键矩：正、负电荷中心的电荷(e)与正负电荷中心之间的距离(d)的乘积称为键矩。计算公式为$\mu = e \cdot d$。键矩是用来衡量键极性的物理量，为一矢量，有方向性，通常规定其方向由正到负，用箭头表示。例如：

$$\overset{\delta^+}{CH_3}\rightarrow\overset{\delta^-}{Cl}$$

两个相同的原子组成的键键矩为零，两个不相同的原子组成的键均有键矩。

5. 偶极矩：多原子分子各键的键矩向量和就是该分子的偶极矩。例如：

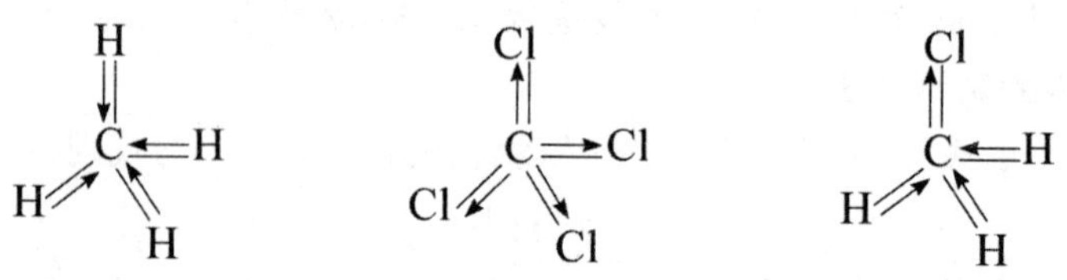

甲烷和四氯化碳是对称分子，各键矩向量和为零，故为非极性分子。氯甲烷分子中C—Cl键矩未被抵消，μ=1.94D，为极性分子。所以，键的极性和分子的极性是不相同的。

（三）共价键的断裂

1. 均裂：成键的一对电子平均分给两个原子或原子团。

$$A:B \rightarrow A\cdot + B\cdot$$

A·称为自由基，或称为游离基。例如，$CH_3\cdot$、$CH_3CH_2\cdot$分别叫甲基自由基和乙基自由基，通式用R·表示。经过均裂生成自由基的反应称为自由基反应，一般在光、热或过氧化物作用下进行。

2. 异裂：异裂生成正离子和负离子，有两种异裂：

$$C:X \rightarrow C^+ + X^- \qquad C:X \rightarrow C^- + X^+$$

碳正离子　　碳负离子

例如，CH_3^+、CH_3^- 等用通式R^+、R^-表示。经过异裂生成离子的反应称为离子型反应，一般在酸、碱作用下进行。除了自由基反应和离子型反应外，还有一大类反应称为协同反应(旧键断裂和新键形成在同一步骤中完成)。

3. 在有机化学反应中，常把有机化学反应中的两个反应物分别称为进攻试剂和被作用物(底物)，如A+B⟶C+D。若A为有机物，B为无机物，则一般称B为进攻试剂，称A为底物；若A与B均为有机物，情况就比较复杂，一般小分子以进攻试剂者居多。

在离子型反应中，进攻试剂一般分为亲核试剂和亲电试剂两种。由亲核试剂的进攻而引起的反应叫做亲核反应，由亲电试剂的进攻而引起的反应叫做亲电反应。

亲核试剂是能供给电子的试剂，如ROH、NH_3、RNH_2(氧、氮原子上含有孤对电子)、OH^-、RO^-、Br^-、CN^-等。亲电试剂则是缺电子试剂(正离子试剂),如 H^+、Br^+、NO_2^+、R_3C^+等。

四、有机酸碱理论

有机反应可以看做是“酸”和“碱”之间的中和反应,因此,掌握“酸”和“碱”的含义对于有机反应的学习,尤其是反应机理的理解非常有用。迄今为止,以下两种酸碱的概念是被人们普遍接受的:

1. Brønsted-Lowry 酸碱质子理论的要点:酸是质子(H^+)的给予体,碱是质子的接受体。酸释放质子后就变成它的共轭碱,碱与质子结合后就变成它的共轭酸。强酸的共轭碱为弱碱,弱酸的共轭碱为强碱,反之亦然。

2. Lewis 酸碱电子理论的要点:酸是电子对的接受体,碱是电子对的给予体。酸碱反应是酸从碱接受一对电子,形成配位键得到一个加合物。Lewis 酸是亲电试剂,Lewis 碱是亲核试剂。

五、有机化合物的分类和官能团

1. 按碳架分类

按碳架可分为开链化合物、碳环化合物(脂环化合物、芳香族化合物)、杂环化合物。

2. 按官能团分类

官能团(functional groups)是决定某类化合物的主要性质的原子、原子团或特殊结构。显然,含有相同官能团的有机化合物具有相似的化学性质。在今后的学习中,我们将以官能团为主线,分别学习烷烯炔、芳烃、卤代烃、醇酚醚、醛酮、羧酸及羧酸衍生物、胺、糖类、脂类、氨基酸及蛋白质等各个章节的知识。

复习题

一、判断题

1. sp^3 等性杂化轨道的空间构型是正四面体。　(　　)

2. 键的极性大小主要取决于成键原子的电负性之差。　(　　)

3. C—X 键的极性大小顺序为 C—F>C—Cl>C—Br>C—I。　(　　)

4. C—Cl 键具有强的极性,因此 CH_3Cl、CH_2Cl_2、$CHCl_3$ 和 CCl_4 分子的极性也依次增强。　(　　)

5. 共价键断裂的基本方式有两种(均裂和异裂),因此与之对应的反应类型也只有两种(自由基反应和离子型反应)。　(　　)

6. 只要是相同的化学键,即使处在不同的化学环境中,其键长一定相同。　(　　)

7. 路易斯酸碱理论认为能接受电子对的物质是酸,能给出电子对的物质是碱。　(　　)

8. 有机化合物分子中发生化学反应的主要结构部位是官能团。　(　　)

二、选择题

1. 有机化合物的准确定义为　(　　)

A. 来自动植物的化合物　　B. 人工合成的化合物

C. 含碳的化合物　　D. 碳氢化合物及其衍生物

2. 大多数有机化合物的结构中，都是以________结合。（　　）

A. 离子键　　B. 共价键　　C. 配位键　　D. 氢键

3. 下列物质中属于 Lewis 碱的是（　　）

A. CH_3^+　　B. CH_3NH_2　　C. NO_2^+　　D. $FeBr_3$

4. 下列物质中属于 Lewis 酸的是（　　）

A. $AlCl_3$　　B. CH_3NH_2　　C. CN^-　　D. C_2H_5OH

5. 下列碳原子的杂化状态仅为 sp^2 的化合物是（　　）

A. 环戊二烯　　B. C_6H_5—CH_3　　C. C_6H_5—CH═CH_2

D. C_6H_{11}—CH═CH_2　　E. C_6H_5—C≡CH

6. 某化合物的相对分子质量为 60，经化学分析含 C 40.1%，H 6.7%，剩下的为氧元素，此化合物的分子式为（　　）

A. C_4H_{12}　　B. C_3H_8O　　C. $C_2H_4O_2$　　D. CH_2O

7. 下列说法错误的是（　　）

A. 由均裂而发生的反应叫做自由基反应

B. 极性键有利于异裂

C. 光照、高温条件下有利于均裂

D. 过氧化物存在时有利于异裂

8. 指出下列各组化合物中，不属于同分异构体的是（　　）

A. CH_3OCH_3　　CH_3CH_2OH

B. CH_3CH_2CHO　　CH_3COCH_3（CH_3—C(═O)—CH_3）

C. $CH_3CH(CH_3)CH_2CH_3$　　CH_3—C(CH_3)$_2$—CH_3

D. Cl—C(H)(H)—Cl　　Cl—C(Cl)(H)—H

9. 下列化合物中，带“＊”键键长最短的是（　　）

A. CH_3 —＊— CH_3　　B. CH_3 —＊— CH═CH_2

C. CH_3 —＊— C≡CH　　D. HC≡C —＊— CH═CH_2

E. HC≡C —＊— C≡CH

10. 下列化合物中，属于非极性分子的是（　　）

A. HBr　　B. CO_2　　C. $CHCl_3$

D. CH_3OCH_3　　E. CH_3OH

三、将下列结构简式改写为键线式

1. 环状结构：CH_3—CH，H_2C，H_2C，CH—CH_2CH_3，C（连 H_3C 与 Br）

2. $(CH_3)_2CHCH_2CH(CH_3)CH_2OH$

3. $CH_3—CH(CH_3)—CH(CH_3)—CH_2—C(=O)—CH_3$

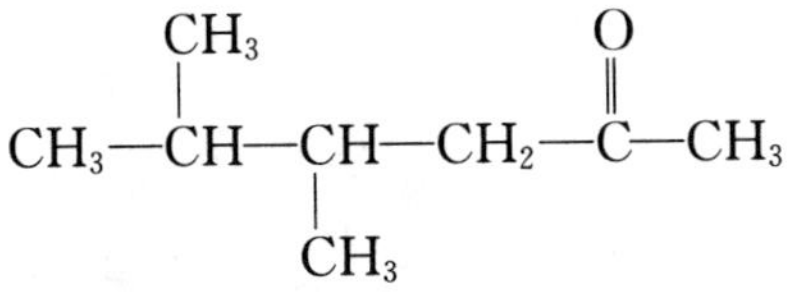

四、下列化合物的化学键都为共价键，而且外层价电子都达到稳定的电子层结构，同时原子间可以共用一对以上的电子。试写出这些化合物的 Lewis 结构式

1. H_2SO_4　　**2.** HONO

3. C_2H_6　　**4.** C_2H_4

5. C_2H_2　　**6.** HCHO

参考答案

一、判断题

1. √　**2.** √　**3.** √　**4.** ×　**5.** ×　**6.** ×　**7.** √　**8.** √

二、选择题

1. D　**2.** B　**3.** B　**4.** A　**5.** C　**6.** C　**7.** D　**8.** D　**9.** E　**10.** B

三、将下列结构简式改写为键线式

1. 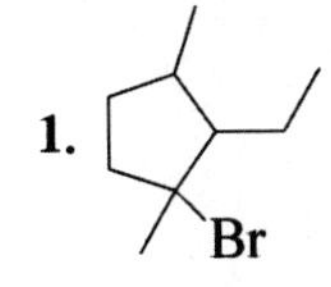

2.

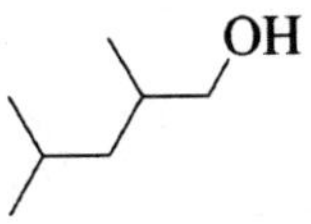

3.

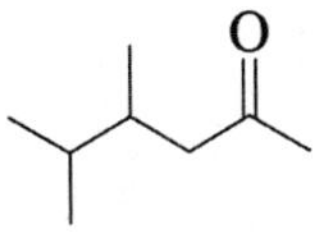

四、下列化合物的化学键都为共价键，而且外层价电子都达到稳定的电子层结构，同时原子间可以共用一对以上的电子。试写出这些化合物的 **Lewis** 结构式

1. 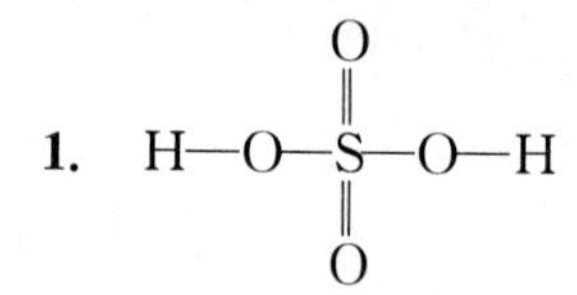

2. $\mathrm{H{-}O{-}\ddot{N}{=}O}$

3. $\mathrm{H_3C{-}CH_3}$（H—C—C—H，每个 C 上下各连一个 H）

4. $\mathrm{H_2C{=}CH_2}$

5. $\mathrm{H{-}C{\equiv}C{-}H}$

6. $\mathrm{H{-}C({=}O){-}H}$

（陈冬生）

第二章　烷烃及环烷烃

知识点总结

第一节　烷　烃

由碳和氢两种元素组成的饱和烃称为烷烃，通式为 C_nH_{2n+2}。

一、烷烃的同分异构现象

甲烷、乙烷和丙烷没有同分异构体，从丁烷开始产生同分异构体。

碳链异构体：因为碳原子的连接顺序不同而产生的同分异构体。

二、烷烃的结构

烷烃中所有的碳原子都是 sp^3 杂化，分子中只有稳定的 C—Cσ 和 C—Hσ 键，甲烷分子是正四面体构型。4 个氢原子占据正四面体的四个顶点，碳原子核处在正四面体的中心，四个碳氢键的键长完全相等，所有键角均为 109°28′。

σ 键的特点：(1) 重叠程度大，不容易断裂，性质不活泼。

(2) 能围绕其对称轴进行自由旋转。

三、烷烃的命名

碳原子的类型：伯碳原子(一级)是指跟另外一个碳原子相连接的碳原子。

仲碳原子、叔碳原子、季碳原子依次类推。

1. 普通命名法

(1) 含有 10 个或 10 个以下碳原子的直链烷烃，用天干顺序甲、乙、丙、丁、戊、己、庚、辛、壬、癸 10 个字分别表示碳原子的数目，后面加烷字。

(2) 含有 10 个以上碳原子的直链烷烃，用小写中文数字表示碳原子的数目。

(3) 对于含有支链的简单烷烃，则在某烷前面加上正、异、新加以区别。

如：

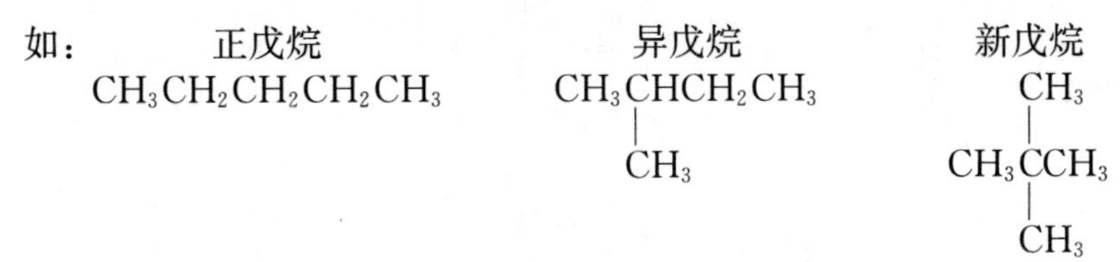

2. 系统命名法

烷基：烷烃分子去掉一个氢原子后余下的部分，常用 R—表示。

常见的烷基有：

$CH_3—$	甲基	Me—	$CH_3CH_2—$	乙基	Et—
$CH_3CH_2CH_2—$	(正)丙基	*n*-Pr—	$CH_3CH(CH_3)—$	异丙基	*i*-Pr—
$CH_3CH_2CH_2CH_2—$	(正)丁基	*n*-Bu—	$CH_3\underset{\vert}{C}HCH_2CH_3$	仲丁基	*s*-Bu—
$CH_3CH(CH_3)CH_2—$	异丁基	*i*-Bu—	$H_3C—C(CH_3)_2—$	叔丁基	*t*-Bu—

命名次序规则如下：

(1) 原子序数大者优先(顺序规则的核心)

$$—I > —Br > —Cl > —OH > —NH_2 > —CH_3 > —H$$

(2) 向下延伸,逐个比较：

$$\underset{C\ C\ C}{H_3C—C(CH_3)_2—} > \underset{C\ C\ H}{CH_3CH(CH_3)—} > \underset{C\ H\ H}{CH_3CH_2CH_2—} > \underset{C\ H\ H}{CH_3CH_2—} > \underset{H\ H\ H}{CH_3—}$$

(3) 遇到双键或三键时,则当作两个或三个单键看待。(重键化单)

$$—CH{=}CH_2 \xrightarrow{看作} C,\ C,\ H \qquad —\overset{\overset{O}{\|}}{C}—OH \xrightarrow{看作} O,\ O,\ O \qquad —C{\equiv}N \xrightarrow{看作} N,\ N,\ N$$

对于结构复杂的烷烃,则按以下步骤命名：

① 选主链。选最长碳链,且含取代基最多。

② 编号。从靠近取代基最近的一端开始编号,使取代基的编号依次最小。

③ 写出取代基位次和名称。优基置后,同基合并。

④ 支链上有小取代基时应和名称一起放在括号内。

四、烷烃的构象

1. 乙烷的构象

构象：有一定构造的分子通过单键的旋转,形成各原子或原子团的空间排列。

乙烷的许多构象中,交叉式构象、重叠式构象是两种极限的构象。

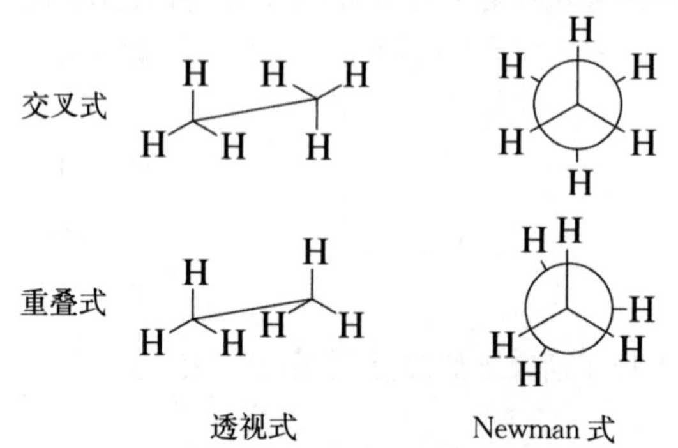

交叉式构象中三对氢原子距离最远,能量最低,最稳定;重叠式构象中三对氢原子的

距离最近，能量最高，最不稳定。

2. 正丁烷的构象

正丁烷以 C_2—C_3 单键旋转时也有许多不同的构象，但以下四种是主要构象：

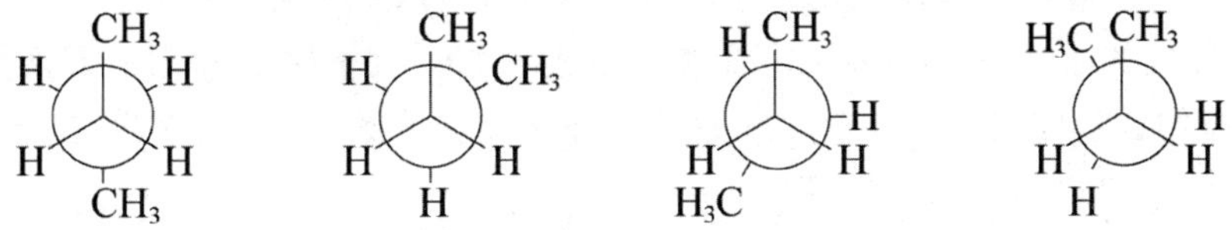

对位交叉式　　邻位交叉式　　部分重叠式　　全重叠式

稳定性：对位交叉式＞邻位交叉式＞部分重叠式＞全重叠式。

五、物理性质

1. 状态：在常温常压下，C1～C4 的直链烷烃是气体，C5～C16 的是液体，C17 以上是固体。

2. 沸点：① 直链烷烃的沸点随相对分子质量的增加而有规律地升高。② 相同相对分子质量的烷烃，支链越多，沸点越低。

3. 熔点：① 直链烷烃的熔点也是随相对分子质量的增加而逐渐升高。② 相同相对分子质量的烷烃，对称性越高，熔点越高。

4. 溶解度：烷烃是非极性分子，又不具备形成氢键的结构条件，所以不溶于水，而易溶于非极性的或弱极性的有机溶剂中。

5. 密度：烷烃是在所有有机化合物中密度最小的一类化合物。无论是液体还是固体，烷烃的密度均比水小。随着相对分子质量的增大，烷烃的密度也逐渐增大。

六、化学性质

烷烃是非极性分子，分子中的碳碳键或碳氢键是非极性或弱极性的 σ 键，因此在常温下烷烃是不活泼的，它们与强酸、强碱、强氧化剂、强还原剂及活泼金属都不发生反应。

1. 氧化反应：烷烃很容易燃烧，燃烧时发出光并放出大量的热，生成 CO_2 和 H_2O。

2. 取代反应：卤代反应是烷烃分子中的氢原子被卤素原子取代的反应。

将甲烷与氯气混合，在漫射光或适当加热的条件下，甲烷分子中的氢原子能逐个被氯原子取代，得到一氯甲烷、二氯甲烷、氯仿和四氯化碳的混合物。

(1) 对于同一烷烃，实验证明叔氢原子最容易被取代，伯氢原子最难被取代。

(2) 甲烷的卤代反应机理为自由基取代反应，这种反应的特点是反应过程中形成一个自由基。其反应过程一般经历链引发、链增长、链终止 3 个阶段。

(3) 自由基稳定性顺序：$3^\circ>2^\circ>1^\circ>$—CH_3。

第二节　脂环烃

一、分类和命名

1. 单环脂环烃的命名：根据成环碳原子数称为“某”烷，并在某烷前面加“环”字，叫环某烷。环上带有支链时，一般以环为母体、支链为取代基进行命名。

若环上有不饱和键时，编号从不饱和碳原子开始，并通过不饱和键编号。

环上取代基比较复杂时，环烃部分也可以作为取代基来命名。

$CH_2CH_2CH_2CHCH_2$
CH_3

1-甲基-4-异丙基环己烷　　2-甲基-1-环丙基-5-环戊基戊烷

2. 螺环烃的命名：螺环中碳原子总数称为螺某烃。在螺字后面用一方括号，在方括号内用阿拉伯数字标明每个环上除螺原子以外的碳原子数，小环数字排在前面，大环数字排在后面，数字之间用圆点隔开。

3. 桥环烃的命名：命名时以二环（双环）为词头，后面用方括号，按照桥碳原子由多到少的顺序标明各桥碳原子数，写在方括号内（桥头碳原子除外），各数字之间用圆点隔开，再根据桥环中碳原子总数称为某烷。

桥环烃编号是从一个桥头碳原子开始，沿最长的桥路编到另一个桥头碳原子，再沿次长桥编回桥头碳原子，最后编短桥并使取代基的位次较小。

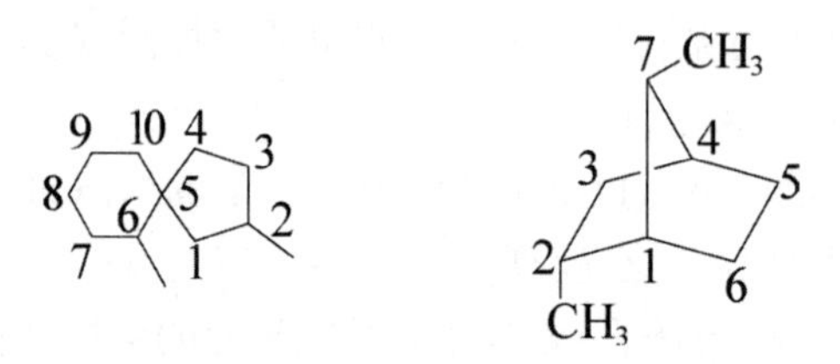

2,6-二甲基螺[4.5]癸烷　2,7-二甲基双环[2.2.1]庚烷

二、化学性质

1. 卤代反应（一般是五元环、六元环）

在高温或紫外线作用下，脂环烃上的氢原子可以被卤素取代而生成卤代脂环烃。

2. 氧化反应

环烷烃与烷烃相似，在通常条件下不易发生氧化反应，在室温下它不与高锰酸钾水溶液反应，因此这可作为环烷烃与烯烃、炔烃的鉴别反应。

3. 加成反应

小环（三元环、四元环）容易与氢气、卤素、卤化氢等试剂发生加成反应。反应时环破裂，所以称为开环反应。

(1) 加氢：在催化剂作用下，环烷烃加一分子氢生成烷烃。

(2) 加卤素：三元环在常温下就可以与卤素发生加成反应，四元环需要加热。

(3) 加卤化氢：环丙烷及其衍生物很容易与卤化氢发生加成反应而开环。环丙烷衍生物加 HX 时，H 加在含氢较多的碳原子上，X 加在含氢较少的碳原子上。

三、环己烷的构象

1. 在环己烷的构象中，最稳定的构象是椅式构象，在椅式构象中，所有键角都接近正四面体键角，所有相邻两个碳原子上所连接的氢原子都处于交叉式构象。

2. 在环己烷的椅式构象中，12 个碳氢键根据其取向不同分为 *a* 键和 *e* 键，可以通过翻环作用实现 *a* 键和 *e* 键的互换。

3. 取代环己烷优势构象的判断：

(1) 处于 *e* 键上的取代基越多越稳定。

(2) 大基团尽可能位于 *e* 键上的构象为稳定构象。

（3）多元取代环己烷的稳定构象是 e 键上取代基多的稳定。

例：反-1-甲基-3-叔丁基环己烷的优势构象如下：

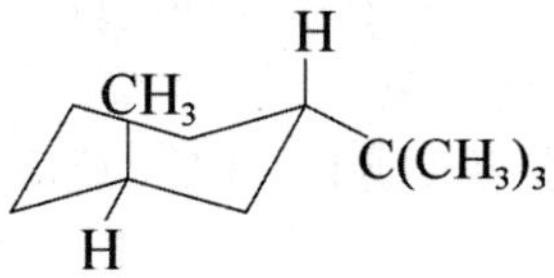

H　CH_3　$C(CH_3)_3$　H

复习题

一、选择题

1. 下列名称正确的是　（　）

A. 1,2,3-三甲基戊烷　B. 2-甲基-4-乙基戊烷

C. 2,3-二甲基戊烷　D. 2-乙基丁烷

2. 按照次序规则，基团：①—CH_2OH；②—OH；③—NH_2；④—CH=CH_2；⑤—$CH(CH_3)_2$ 的优先顺序为　（　）

A. ①>②>③>④>⑤　B. ②>③>①>④>⑤

C. ②>③>④>⑤>①　D. ③>②>①>④>⑤

3. 表示乙烷的重叠式构象的是　（　）

A. 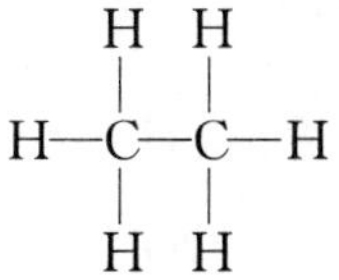　B. 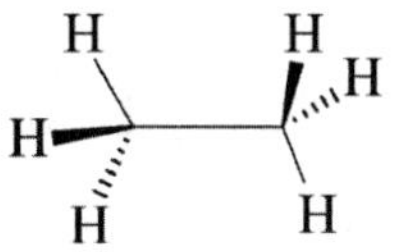　C. 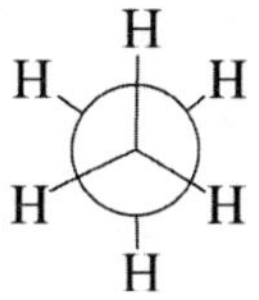　D.

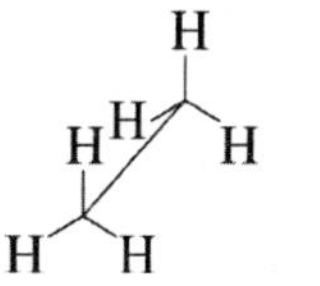

4. 1,2-二氯乙烷的四种构象中，最稳定的是　（　）

A. 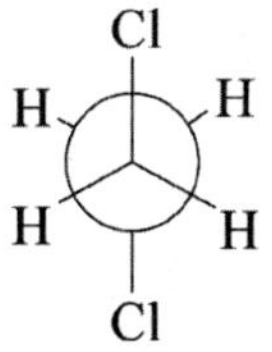　B. 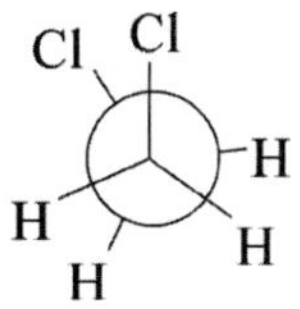　C. 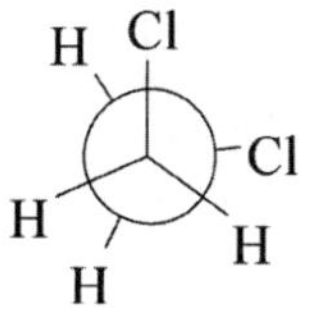　D.

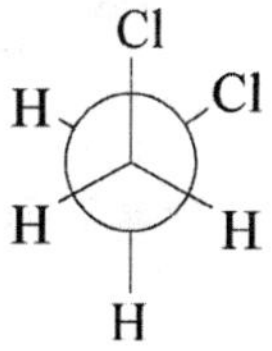

5. 下列自由基最稳定的是　（　）

A. 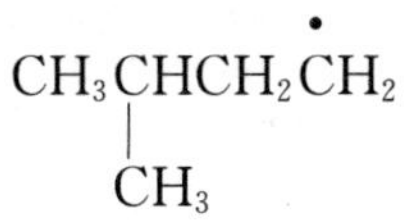 $CH_3CH(CH_3)CH_2\dot{C}H_2$　B. $CH_3CH(CH_3)\dot{C}HCH_3$

C. $CH_3\dot{C}(CH_3)CH_2CH_3$　D. $\dot{C}H_3$

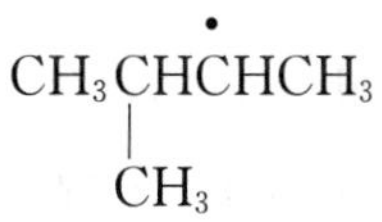

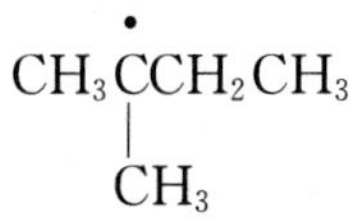

6. 下列化合物中，沸点最低的是　（　）

A. 正庚烷　B. 正己烷

C. 2-甲基戊烷　D. 2,2-二甲基丁烷

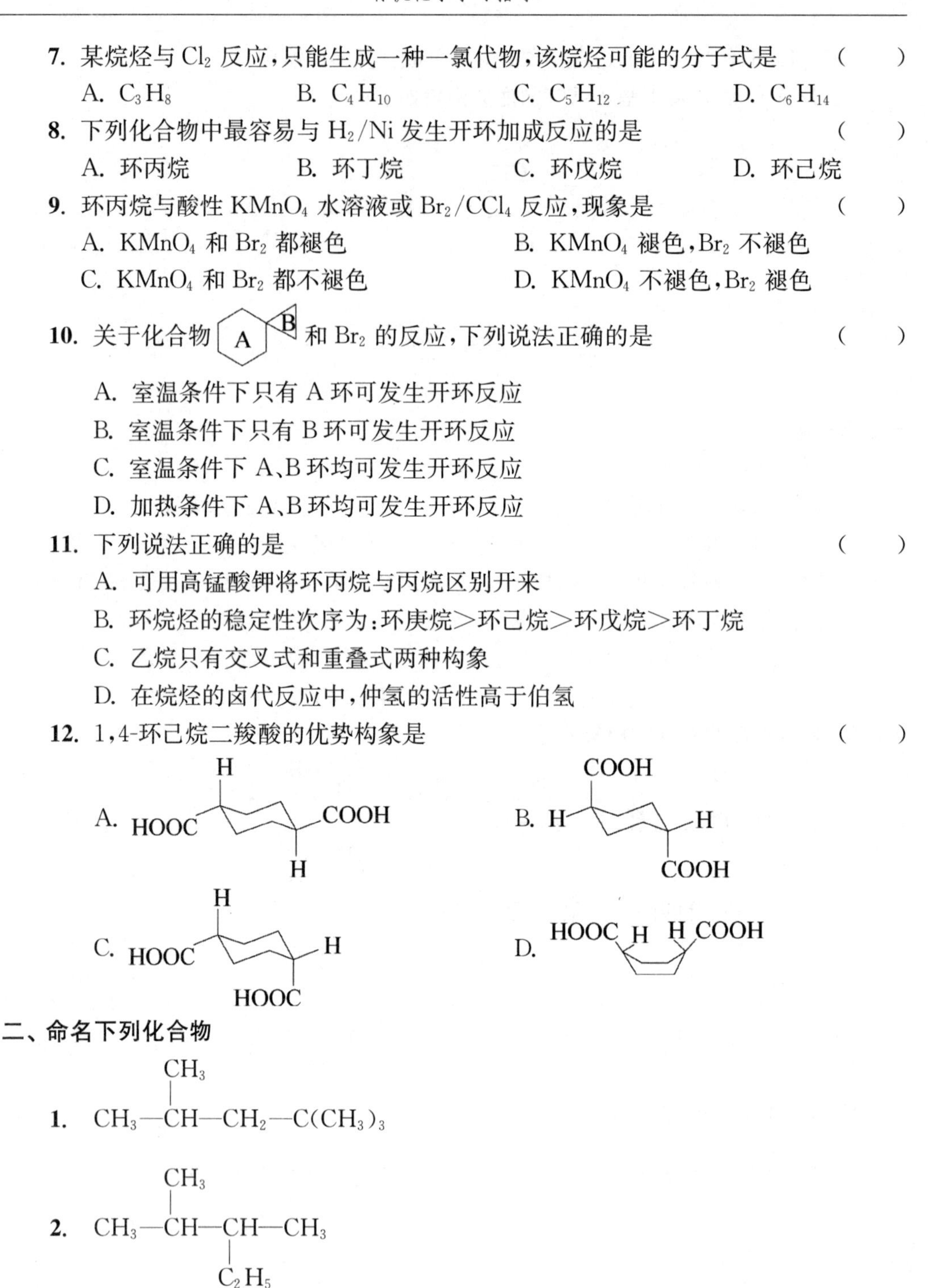

7. 某烷烃与 Cl_2 反应，只能生成一种一氯代物，该烷烃可能的分子式是 （　　）

A. C_3H_8　　B. C_4H_{10}　　C. C_5H_{12}　　D. C_6H_{14}

8. 下列化合物中最容易与 H_2/Ni 发生开环加成反应的是 （　　）

A. 环丙烷　　B. 环丁烷　　C. 环戊烷　　D. 环己烷

9. 环丙烷与酸性 $KMnO_4$ 水溶液或 Br_2/CCl_4 反应，现象是 （　　）

A. $KMnO_4$ 和 Br_2 都褪色　　B. $KMnO_4$ 褪色，Br_2 不褪色

C. $KMnO_4$ 和 Br_2 都不褪色　　D. $KMnO_4$ 不褪色，Br_2 褪色

10. 关于化合物（A 环与 B 环）和 Br_2 的反应，下列说法正确的是 （　　）

A. 室温条件下只有 A 环可发生开环反应

B. 室温条件下只有 B 环可发生开环反应

C. 室温条件下 A、B 环均可发生开环反应

D. 加热条件下 A、B 环均可发生开环反应

11. 下列说法正确的是 （　　）

A. 可用高锰酸钾将环丙烷与丙烷区别开来

B. 环烷烃的稳定性次序为：环庚烷>环己烷>环戊烷>环丁烷

C. 乙烷只有交叉式和重叠式两种构象

D. 在烷烃的卤代反应中，仲氢的活性高于伯氢

12. 1,4-环己烷二羧酸的优势构象是 （　　）

A. H, HOOC, COOH, H　　B. COOH, H, H, COOH

C. H, HOOC, H, HOOC　　D. HOOC H H COOH

二、命名下列化合物

1. $CH_3-CH(CH_3)-CH_2-C(CH_3)_3$

2. $CH_3-CH(CH_3)-CH(C_2H_5)-CH_3$

3.

4.

5. 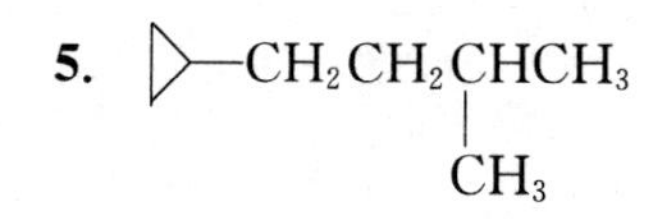

6. 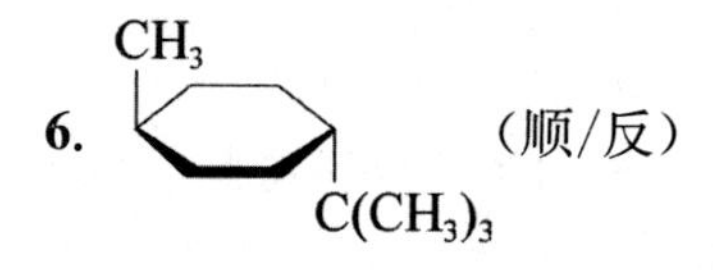

（顺/反）

7. 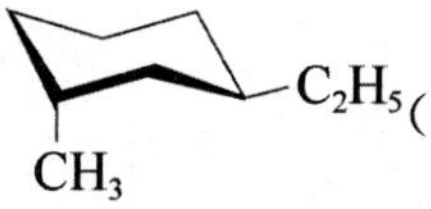 C_2H_5（顺/反）
CH_3

8.

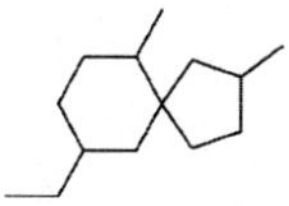

9. 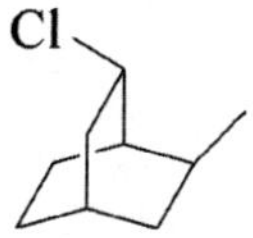 Cl

10. 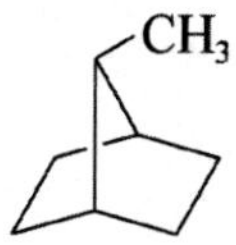 CH_3

三、完成下列反应方程式

1. 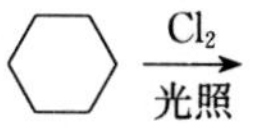 $\xrightarrow[光照]{Cl_2}$

2. $\xrightarrow[光照]{Br_2}$

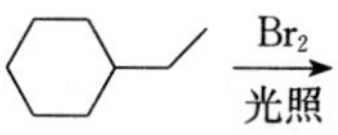

3. 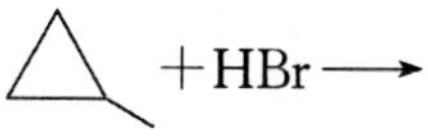 $+HBr \longrightarrow$

4. 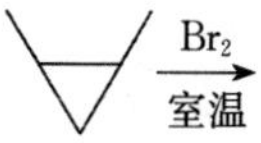 $\xrightarrow[室温]{Br_2}$

5. 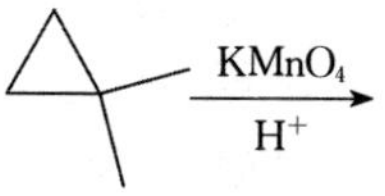 $\xrightarrow[H^+]{KMnO_4}$

四、按照要求写出下列烷烃的键线式

1. 不含仲碳原子的 4 碳烷烃。

2. 分子中各类氢原子数之比为：1°H∶2°H∶3°H ＝ 6∶1∶1，分子式为 C_7H_{16}。

3. 分子式为 C_5H_{12}，且只含有一个叔氢原子。

4. 相对分子质量为 100，同时含有伯、叔、季碳原子的烷烃。

五、简答题

试分别画出 1,2-二溴乙烷和 2,3-二甲基丁烷的典型的构象式(纽曼投影式)，并指出哪一个为其最稳定的构象式。

六、试画出下列取代环己烷的最稳定构象

1. 1,2-二甲基环己烷

2. 1-甲基-3-异丙基环己烷

3. 反-1-甲基-3-叔丁基环己烷

*4. 顺-1,3-二甲基环己烷

参考答案

一、选择题

1. C　2. B　3. D　4. A　5. C　6. D　7. C　8. A　9. D　10. B　11. D　12. A

二、命名下列化合物

1. 2,2,4-三甲基戊烷　　2. 2,3-二甲基戊烷
3. 3,4-二乙基己烷　　4. 1,3-二甲基环戊烷
5. 3-甲基-1-环丙基丁烷　　6. 反-1-甲基-4-叔丁基环己烷
7. 反-1-甲基-3-乙基环己烷　　8. 2,6-二甲基-9-乙基螺[4.5]癸烷
9. 2-甲基-6-氯二环[2.2.2]辛烷　　10. 7-甲基二环[2.2.1]庚烷

三、完成下列反应方程式

1. 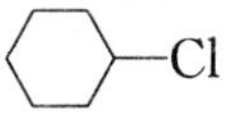 —Cl

2. 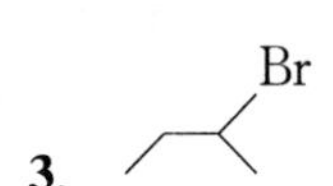

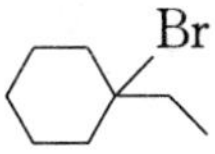

3. Br

4. 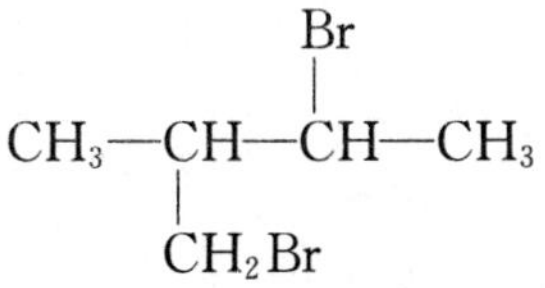 $CH_3—CH(CH_2Br)—CH(Br)—CH_3$

5. 不反应

四、按照要求写出下列烷烃的键线式

1.

2. 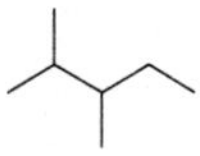 或

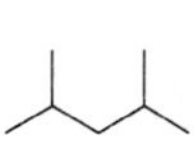

3.

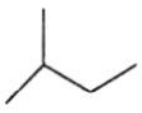

4.

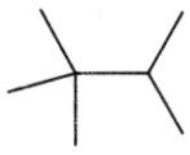

五、简答题

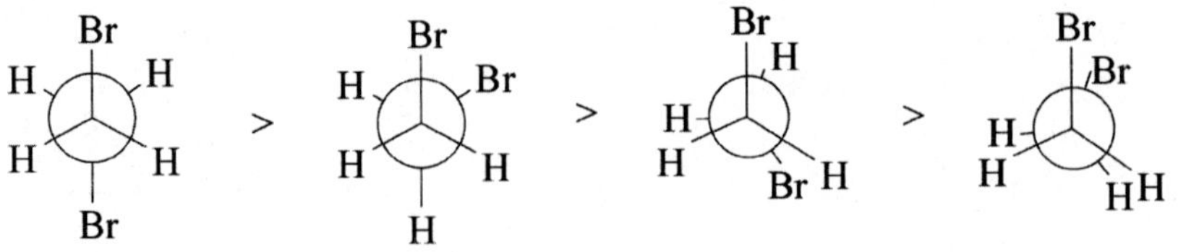

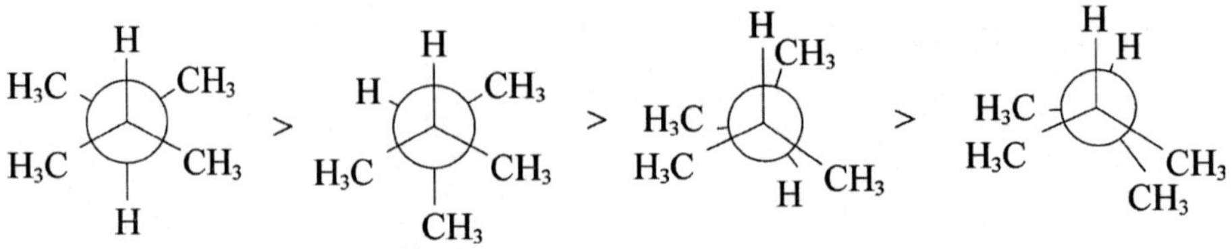

六、试画出下列取代环己烷的最稳定构象

1.

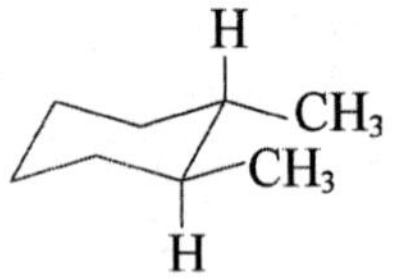

2.

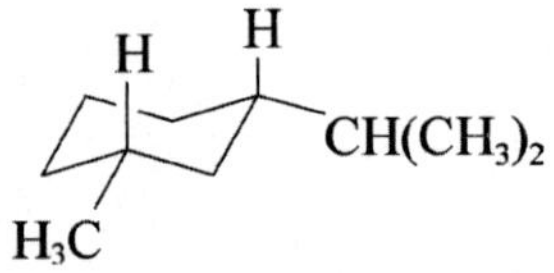

3.

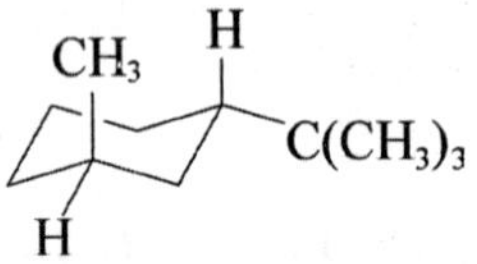

4.

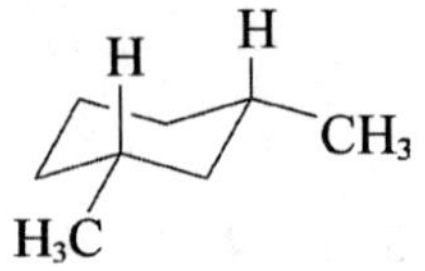

（陈冬生）

第三章　烯　烃

知识点总结

一、定义

分子中含有碳碳双键的不饱和烃，通式为 C_nH_{2n}，比同碳烷烃少 2 个 H 原子，有一个不饱和度。烯烃的同分异构除了碳链异构还有官能团位置异构。

二、结构

烯烃分子中双键碳原子采用 sp^2 杂化，一个双键中包含一个 σ 键和一个 π 键。π 键是两个未杂化的 p 轨道肩并肩成键。π 键的特点是：(1) 重叠程度小，容易断裂，性质活泼。(2) 受到限制，不能自由旋转，否则 π 键断裂。

三、烯烃的命名

(1) 选择含有双键的最长碳链为主链，命名为某烯。

(2) 从靠近双键的一端开始，给主链上的碳原子编号。

(3) 以双键原子中编号较小的数字表示双键的位号，写在烯的名称前面，再在前面写出取代基的名称和所连主链碳原子的位次。

(4) 由于碳碳双键不能旋转而导致烯烃分子中原子或基团在空间的排列形式不同，则会引起顺反异构。注意：当双键碳中有一个碳原子上连有两个相同的原子或原子团时，则不存在顺反异构。

通式：

$$\begin{matrix} a & & a \\ & C{=}C & \\ b & & b \end{matrix} \qquad\qquad \begin{matrix} a & & b \\ & C{=}C & \\ b & & a \end{matrix}$$

顺　　　　　　　反

当双键碳上连有 4 个不同的原子或原子团时，可用 Z、E 标记构型。如果 2 个优先基团处在双键的同一侧，则为 Z 式构型，如果 2 个优先基团处在双键的异侧时，则为 E 构型。

$$\begin{matrix} H_3C & & CH_2CH_3 \\ & C{=}C & \\ H & & CH(CH_3)_2 \end{matrix}$$

(E)-4-甲基-3-乙基-2-戊烯

四、物理性质

1. 在常温常压下，C2～C4 的烯烃为气体，C5～C15 为液体，高级烯烃为固体。

2. 熔点、沸点和相对密度都随相对分子质量的增加而升高。顺式异构体的熔点比反式异构体低，因为反式异构体具有更高的对称性；顺式异构体的沸点比反式异构体高，因为顺式异构体具有偶极矩，分子间存在偶极间的作用力，反式异构体不存在偶极矩。

五、烯烃的化学性质

(一) 亲电加成反应

烯烃的分子结构中,除了稳定的σ键外,还有活泼的π键。π键是肩并肩成键,键的重叠程度低,易发生断裂。π键因为有2个电子,可以看成是Lewis碱。π键很容易受到缺电子物质Lewis酸(如H^+)的进攻断裂而发生亲电加成反应。

1. 与酸的加成

(1) 与卤化氢的加成

$$\mathrm{>C{=}C<} + HX \longrightarrow \mathrm{>\underset{H}{\underset{|}{C}}-\underset{X}{\underset{|}{C}}<}$$

机理:

$$\mathrm{>C{=}C<} + H^+ \xrightarrow{\text{慢}} -\underset{H}{\underset{|}{\overset{|}{C}}}-\overset{+}{C}< \xrightarrow[\text{快}]{Br^-} -\underset{|}{\overset{H}{\overset{|}{C}}}-\underset{|}{\overset{Br}{\overset{|}{C}}}-$$

a. 亲电加成反应的活性

酸的酸性越强,越容易与烯烃反应,故卤化氢活泼性次序为HI>HBr>HCl。

烯烃双键上的电子云密度越高,亲电加成反应的活性越高。

b. 不对称烯烃与卤化氢加成遵循马氏规则:氢原子加在含氢较多的碳上,卤原子加在含氢较少的碳上。

$$CH_3CH{=}CH_2 + HBr \longrightarrow CH_3\underset{Br}{\underset{|}{C}}HCH_3$$

利用碳正离子的稳定性可以解释马氏规则的结果。

$$CH_3CH{=}CH_2 \xrightarrow{H^+} \begin{cases} CH_3CH_2CH_2^+ \\ \underset{2°C^+\text{更稳定}}{CH_3CH^+CH_3} \xrightarrow{Br^-} CH_3-\underset{CH_3}{\underset{|}{C}}H-Br \end{cases}$$

由于碳正离子的稳定性2° C$^+$> 1° C$^+$,故2°C$^+$上加溴的生成物为主产物。

c. 碳正离子的重排

$$CH_3-\underset{CH_3}{\underset{|}{\overset{CH_3}{\overset{|}{C}}}}-CH{=}CH_2 \xrightarrow{HCl} \underset{62\%(\text{主})}{CH_3-\underset{Cl}{\underset{|}{\overset{CH_3}{\overset{|}{C}}}}-\underset{CH_3}{\underset{|}{C}}H-CH_3} + \underset{38\%(\text{次})}{CH_3-\underset{CH_3}{\underset{|}{\overset{CH_3}{\overset{|}{C}}}}-\underset{Cl}{\underset{|}{C}}H-CH_3}$$

(2) 与硫酸的加成(间接加水)

烯烃能与浓硫酸反应,生成硫酸氢烷酯。硫酸氢烷酯易溶于硫酸,用水稀释后水解生成醇。工业上用这种方法合成醇,称为烯烃间接水合法。

$$CH_2{=}CH_2 + HOSO_3H \longrightarrow CH_3CH_2OSO_3H \xrightarrow[\triangle]{H_2O} CH_3CH_2OH$$

不对称烯烃与硫酸加成也遵守马氏规则(马氏加水)。

$$(CH_3)_2C{=}CH_2 \xrightarrow[2)\ H_2O/\triangle]{1)\ H_2SO_4} (CH_3)_2\underset{\displaystyle OH}{\underset{|}{C}}{-}CH_3$$

引申的马氏规则:正离子加到含氢较多的碳上,负离子加到含氢较少的碳上。

(3) 与拟卤素 ICl、IBr 的加成(混合试剂)

$$RCH{=}CH_2 + IBr \longrightarrow R\underset{Br}{\underset{|}{C}}H\underset{I}{\underset{|}{C}}H_2$$

(4) 与次卤酸的反应

烯烃与次卤酸加成,生成 β-卤代醇。由于次卤酸不稳定,常用烯烃与卤素的水溶液反应。如:

$$RCH{=}CH_2 + Cl_2 + H_2O \longrightarrow R\underset{OH}{\underset{|}{C}}H{-}\underset{Cl}{\underset{|}{C}}H_2$$

2. 与卤素的加成

$$>C{=}C< + X_2 \longrightarrow -\underset{X}{\underset{|}{C}}-\underset{X}{\underset{|}{C}}-$$

(1) 溴的四氯化碳溶液与烯烃加成时,溴的颜色会消失,可用来鉴别烯烃。

(2) 卤素活性:氟>氯>溴>碘。

烯烃的亲电加成反应历程受极性介质影响。通过实验发现该反应是分两步完成的。如果溶液中还有其他阴离子,也会参与反应。

烯烃与溴的亲电加成反应历程可能为:

$$\overset{\delta^-}{Br}{-}\overset{\delta^+}{Br} + \overset{\delta^-}{C}{=}\overset{\delta^+}{C} \xrightarrow[慢]{-Br^-} \text{碳正离子} \longrightarrow \text{溴鎓离子中间体} \longrightarrow$$

溴鎓离子中间体

$$\text{溴鎓离子} + Br^- \xrightarrow{快} -\underset{|}{\overset{Br}{\overset{|}{C}}}-\underset{Br}{\underset{|}{\overset{|}{C}}}-$$

***3.** 与硼烷的反应(反马氏加水制备醇)

不对称烯烃与乙硼烷加成后再经过氧化氢碱性水解得反马氏规则产物。

例:$3CH_3CH{=}CH_2 \xrightarrow{1/2\ B_2H_6} (CH_3CH_2CH_2)_3B \xrightarrow{H_2O_2/OH^-} 3CH_3CH_2CH_2OH$

(二) 自由基加成反应

当有过氧化物(H_2O_2、ROOR)存在时,烯烃与溴化氢发生的不是离子型的亲电加成反应,而是自由基加成反应。加成的反应取向是反马氏规则的,但对 HCl、HI 加成反应的取向没有影响。

$$(CH_3)_2C{=}CH_2 + HBr \xrightarrow{ROOR} (CH_3)_2CHCH_2Br$$

（三）催化加氢反应和氢化热

$$R—CH=CH_2+H_2 \xrightarrow[\triangle]{Ni} RCH_2CH_3$$

1. 常用催化剂：Ni，Pt，Pd 等。

2. 异相催化，顺式加成。

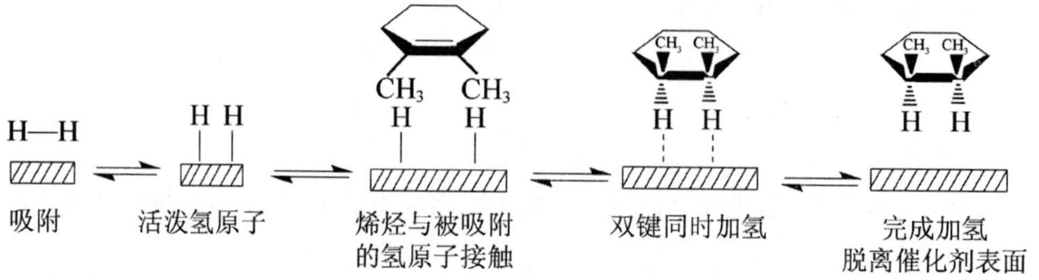

H—H 吸附 ⇌ 活泼氢原子 ⇌ 烯烃与被吸附的氢原子接触 ⇌ 双键同时加氢 ⇌ 完成加氢脱离催化剂表面

3. 1 mol 的烯烃打开双键生成烷烃所放出的热量称为氢化热。氢化热越小，烯烃的稳定性越大。反式烯烃稳定性大于顺式，取代基越多的烯烃越稳定。

（四）氧化反应

1. $KMnO_4$ 氧化

在中性或碱性介质中高锰酸钾可以将烯烃氧化成邻二醇。

在酸性介质中高锰酸钾可以将烯烃氧化成羧酸、酮和二氧化碳，紫色消失，可用来检验烯烃。

$$R—CH=CH_2 \xrightarrow[\triangle]{KMnO_4/H^+} RCOOH+CO_2\uparrow$$

$$RR'C=CHR'' \xrightarrow[\triangle]{KMnO_4/H^+} RR'C=O+R''COOH$$

根据生成物的结构可推断烯烃的结构。

2. 臭氧化反应

烯烃在 5%左右的臭氧中氧化，再经过金属锌还原，产物为醛或酮。

$$R'—CH=CR_2 \xrightarrow[2)\ Zn,H_2O]{1)\ O_3} O=CR_2 + R'—CHO$$

还原水解产物规律：断开双键后，直接在双键碳上加氧原子即可。

六、诱导效应

1. 定义：在有机化合物中，由于电负性不同的取代基团的影响，使整个分子中成键电子云按取代基团的电负性所决定的方向而偏移的效应称为诱导效应。

$$\overset{\delta\delta\delta^+}{CH_3}—\overset{\delta\delta^+}{CH_2}—\overset{\delta^+}{CH_2}\rightarrow\overset{\delta^-}{Cl}$$

2. 特征：

近程性：沿着碳链传递，并随碳链的增长迅速减弱或消失。

永久性：通过静电诱导而影响到分子的其他部分，没有外界电场的影响也存在。

3. 形式：有吸电子诱导($-I$)效应和给电子诱导($+I$)效应，C—H 键的诱导效应规定为零。

4. 具有$-I$效应的原子和原子团的相对强度：

同族元素：—F＞—Cl＞—Br＞—I 从上到下依次减小

同周期元素：—F＞—OR＞—NHR 从左到右依次增强

不同杂化态：$—C\equiv CR > —CR=CR_2 > —CR_2—CR_3$

5. 具有$+I$效应的原子团主要是烷基，相对强度是：

$$(CH_3)_3C— > (CH_3)_2CH— > CH_3CH_2— > CH_3—$$

例：$CH_3—CH=CH_2$ 分子中的甲基与 π 键相连，由于电负性 $Csp^3 < Csp^2$，所以甲基具有$+I$效应，使 π 键上的电子云发生偏移。

$$CH_3 \rightarrow \overset{\delta^+}{C}H = \overset{\delta^-}{C}H_2$$

复习题

一、选择题

1. sp^2 杂化轨道的夹角是 ( )

A. 180° B. 120° C. 109°28′ D. 90°

2. 下列命名正确的是 ( )

A. 2-甲基-3-戊烯 B. 反-1-丁烯

C. 2-乙基-2-丁烯 D. 3-甲基-2-戊烯

3. 下列化合物存在顺反异构的是 ( )

A. 2-甲基丁烷 B. 1,1-二氯乙烯 C. 2-甲基-2-丁烯 D. 2-丁烯

4. 下列化合物中所有碳原子在同一平面的是 ( )

A. 3-己烯 B. 3-甲基己烷

C. 2,3-二甲基-2-丁烯 D. 3-甲基-2-戊烯

5. 丙烯分子中的 π 键是由两个平行的________轨道组成的。 ( )

A. sp^3 杂化 B. sp^2 杂化 C. sp 杂化 D. p

6. 在 NaCl 水溶液中进行溴与乙烯的加成，所得产物中没有的是 ( )

A. $CH_2(Br)—CH_2(Br)$ B. $CH_2(Br)—CH_2(Cl)$

C. $CH_2(Br)—CH_2(OH)$ D. $CH_2(Cl)—CH_2(OH)$

7. 下列碳正离子中最稳定的是 ( )

A. $CH_3\overset{+}{C}H_2$ B. $(CH_3)_2\overset{+}{C}H$ C. $(CH_3)_3\overset{+}{C}$ D. $\overset{+}{C}H_3$

8. 下列物质中，一定不能使溴水和高锰酸钾酸性溶液褪色的是 （　　）

A. C_2H_4　　B. C_5H_{12}　　C. C_3H_6　　D. C_4H_8

9. 分子式为 C_4H_8 的化合物，经 $KMnO_4$ 氧化，只得到乙酸，其结构式为 （　　）

A. $CH_3CH_2CH{=}CH_2$　　B. $CH_3CH{=}CHCH_3$

C. $CH_2{=}C(CH_3)_2$　　D. $CH_2{=}CH_2$

10. 下列说法正确的是 （　　）

A. 诱导效应的传递随着碳链的增长逐渐减弱，而共轭效应不因共轭链的增长而减弱

B. 不对称烯烃在任何情况下与 HX 加成，H 总是加在含氢较多的双键碳原子上

C. 在过氧化物存在下，HI 与烯烃的加成反应是反马氏规则的

D. 顺-2-丁烯比反-2-丁烯稳定

11. 下列烯烃与 HBr 加成时反应速度最快的是 （　　）

A. $CH_3CH{=}C(CH_3)_2$　　B. $CH_3CH{=}CHCF_3$

C. $CH_3CH{=}CHCH_3$　　D. $CH_3CH_2CH{=}CH_2$

12. 下列反应类型中，丙烯与溴化氢的反应属于 （　　）

A. 亲核加成　　B. 亲核取代　　C. 亲电加成　　D. 亲电取代

13. 烯烃与下列试剂加成时，其中是反式加成的是 （　　）

A. 稀、碱性 $KMnO_4$　　B. B_2H_6

C. Br_2　　D. H_2，Pt

二、命名下列各化合物

1. $CH_3{-}CH{=}CH{-}CH(CH_3)_2$

2. $CH_2{=}CHC(CH_3)_3$

3.

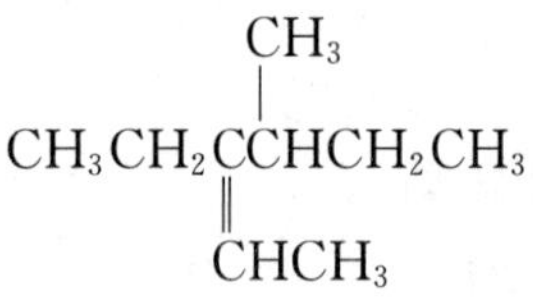

$$
\begin{array}{c}
\qquad CH_3 \\
\qquad | \\
CH_3CH_2CCHCH_2CH_3 \\
\| \qquad\qquad \\
CHCH_3 \qquad\qquad
\end{array}
$$

4. 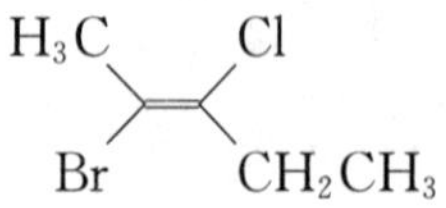 H_3C，Cl，Br，CH_2CH_3 （Z/E）

5.

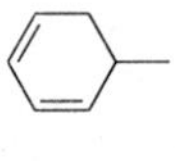

6.

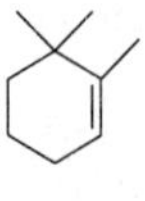

三、完成下列反应式

1. $$CH_3—CH_2—\overset{\displaystyle CH_3\atop|}{C}=CH_2 + HCl \longrightarrow$$

2. 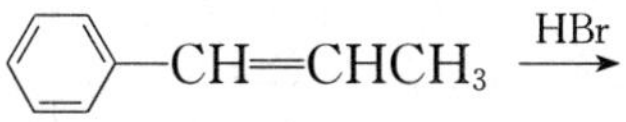 $$—CH=CHCH_3 \xrightarrow{HBr}$$

3. $$CH_3—CH=CH_2 + HO—Cl \longrightarrow$$

4. 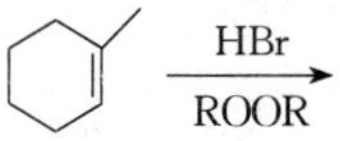 $$\xrightarrow[ROOR]{HBr}$$

5. 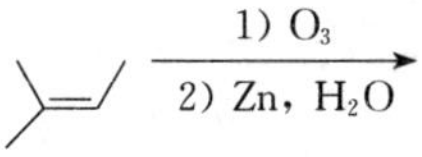 $$\xrightarrow[2)\ Zn,\ H_2O]{1)\ O_3}$$

6. 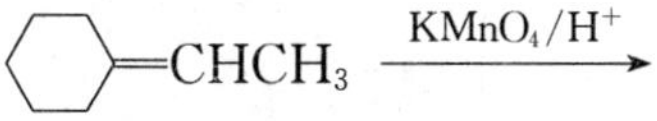 $$=CHCH_3 \xrightarrow{KMnO_4/H^+}$$

7.  $$\xrightarrow{冷、碱性\ KMnO_4}$$

8. 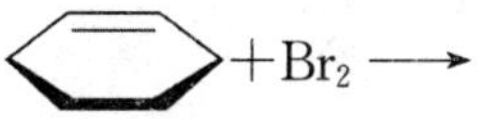 $$+Br_2 \longrightarrow$$

9. $$CH_2=CHCH_2\overset{\displaystyle CH_3\atop|}{C}=CHCH_3 \xrightarrow{KMnO_4/H^+}$$

*10. $$CH_3CH=CHCH_2CH=CHBr + Br_2(1\ mol) \longrightarrow$$

四、推断题

1. 某化合物的分子式为 C_6H_{12}，能使溴水褪色，能溶于浓硫酸，加氢则生成正己烷，如用过量的酸性 $KMnO_4$ 氧化可得到两种不同的羧酸。试写出该化合物的构造式。

2. 某化合物 A 分子式为 C_4H_8，它能使溴溶液褪色，但不能使稀的高锰酸钾溶液褪色。1 mol A 与 1 mol HBr 作用生成 B，B 也可以从 A 的同分异构体 C 与 HBr 作用得到，化合物 C 能使高锰酸钾溶液褪色且无气泡放出，试推测 A、B、C 的结构。

***五、写出下列反应可能的机理**

1. 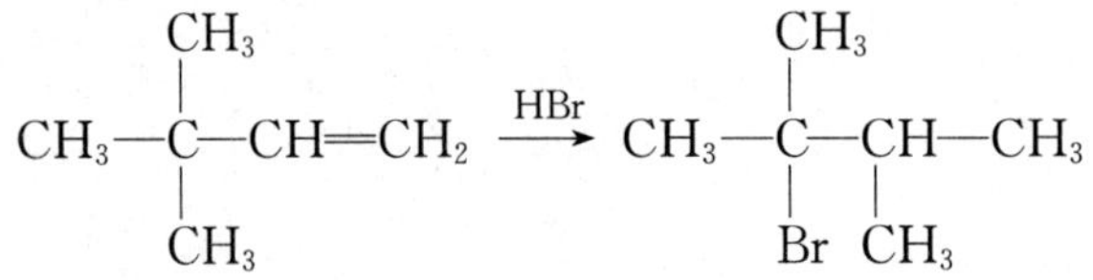 $CH_3—C(CH_3)_2—CH═CH_2 \xrightarrow{HBr} CH_3—C(CH_3)(Br)—CH(CH_3)—CH_3$

2. HBr
Br

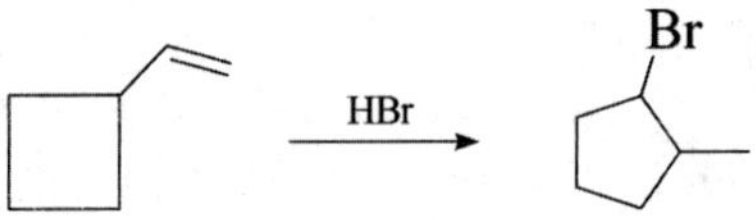

参考答案

一、选择题

1. B **2.** D **3.** D **4.** C **5.** D **6.** D **7.** C **8.** B **9.** B **10.** A **11.** A **12.** C **13.** C

二、命名下列各化合物

1. 4-甲基-2-戊烯
2. 3,3-二甲基-1-丁烯
3. 4-甲基-3-乙基-2-己烯
4. (*E*)-3-氯-2-溴-2-戊烯
5. 5-甲基-1,3-环己二烯
6. 1,6,6-三甲基环己烯

三、完成下列反应式

1. 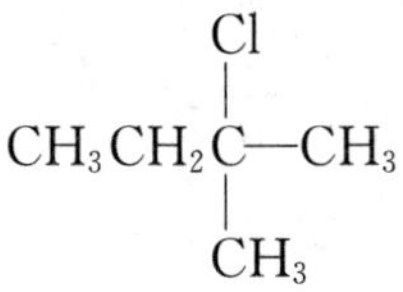 $CH_3CH_2C(Cl)(CH_3)—CH_3$

2. $C_6H_5—CH(Br)—CH_2CH_3$

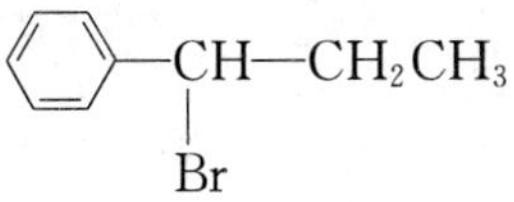

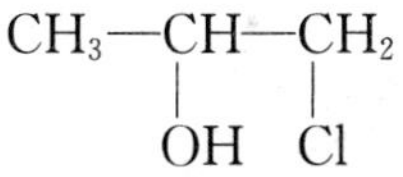

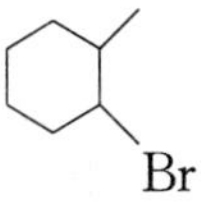

3. $CH_3—CH(OH)—CH_2Cl$

4. Br

5. O $+CH_3CHO$

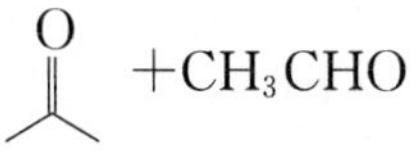

6.  =O $+CH_3COOH$

7. 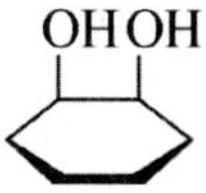 OH OH

8. 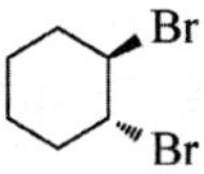 Br Br

9. 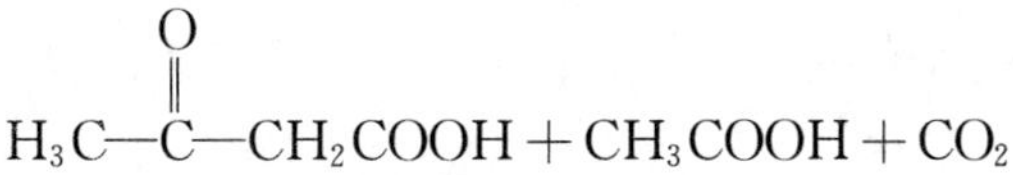 $H_3C—C(=O)—CH_2COOH+CH_3COOH+CO_2$

10. 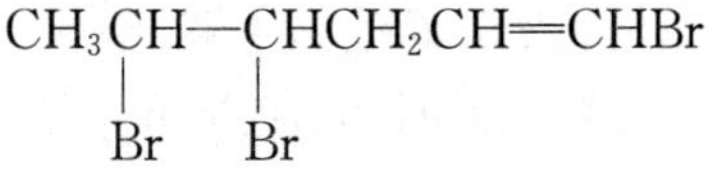 $CH_3CH(Br)—CH(Br)CH_2CH=CHBr$

四、推断题

1. $CH_3—CH=CHCH_2CH_2CH_3$

2. A. 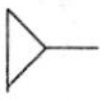　B. 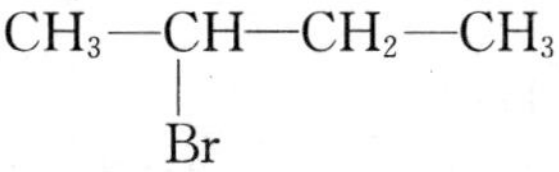 $CH_3—CH(Br)—CH_2—CH_3$　C. $CH_3—CH=CH—CH_3$

五、写出下列反应可能的机理

1. 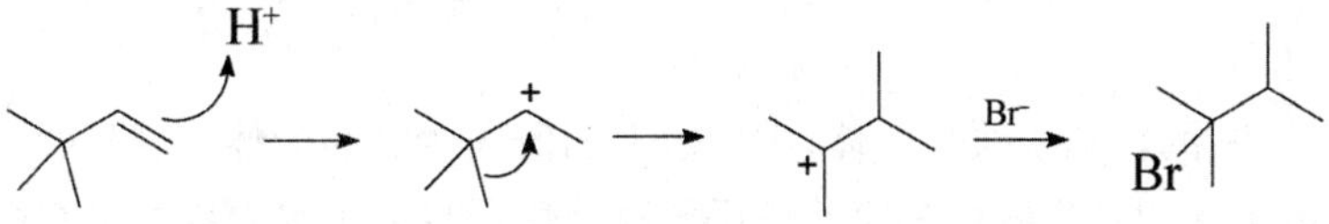 H^+ → + → + $\xrightarrow{Br^-}$ Br

2. 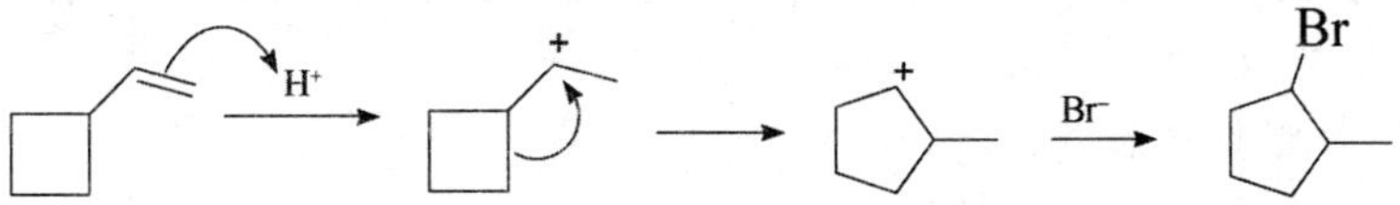 H^+ → + → + $\xrightarrow{Br^-}$ Br

（陈冬生）

第四章 炔烃和二烯烃

知识点总结

第一节 炔 烃

一、定义

炔烃是分子中含有碳碳三键的不饱和烃，通式为 C_nH_{2n-2}。

二、结构

炔烃的三键碳采用 sp 杂化，三键中包含一个 σ 键和两个相互垂直的 π 键。

三、命名

炔烃的命名原则与烯烃相同，即选择包含三键的最长碳链作主链，碳原子的编号从距三键最近的一端开始。若分子中既含有双键又含有三键时，则应选择含有双键和三键的最长碳链为主链，并将其命名为烯炔(烯在前、炔在后)。编号时，应使烯、炔所在位次的和为最小。例如：

$$\begin{array}{l} CH_3-CH_2-CH{=}CHCHC{\equiv}CH \\ \qquad\qquad\qquad\qquad\quad | \\ \qquad\qquad\qquad\qquad CH_3 \end{array} \qquad \text{3-甲基-4-庚烯-1-炔}$$

但是，当双键和三键处在相同的位次时，则从靠近双键一端开始编号。如：

$$CH_2{=}CHC{\equiv}CH \qquad \text{1-丁烯-3-炔}$$

四、物理性质

与烯烃相似，乙炔、丙炔和丁炔为气体，戊炔以上的低级炔烃为液体，高级炔烃为固体。简单炔烃的沸点、熔点和相对密度比相应的烯烃要高。炔烃难溶于水而易溶于有机溶剂。

五、化学性质

1. 亲电加成(比烯烃更难些)

(1) 当加 2 mol 试剂时，得烷基衍生物。

$$RC{\equiv}CH \xrightarrow{2\ HX} \begin{array}{c} X \\ | \\ RC-CH_3 \\ | \\ X \end{array} \qquad \text{(该反应也遵守马氏规则)}$$

(2) 乙炔在催化剂的存在下可以得烯烃衍生物。

$$HC{\equiv}CH + HCl \xrightarrow{HgCl_2} CH_2{=}CHCl$$

(3) 烯炔加成时，如果加成的试剂为 1 mol 时，一般加在双键上。

$$CH_2{=}CHCH_2C{\equiv}CH \xrightarrow{Br_2(1\ mol)} \begin{array}{l} CH_2-CHCH_2C{\equiv}CH \\ | \qquad\quad | \\ Br \qquad Br \end{array}$$

2. 水化：先生成烯醇，再转变为稳定的羰基化合物。

$$HC\equiv CH + H_2O \xrightarrow[H_2SO_4]{HgCl_2} CH_2=CHOH \rightleftharpoons CH_3CHO$$

$$C_6H_5-C\equiv C-CH_3 + H_2O \xrightarrow[H_2SO_4]{HgCl_2} C_6H_5-\overset{\overset{\displaystyle O}{\|}}{C}-CH_2CH_3$$

3. 氧化：与烯烃相似，但炔烃更难一些。

$$R-C\equiv CH \xrightarrow[H_2SO_4]{KMnO_4} RCOOH + CO_2$$

4. 炔化物的生成

(1) 乙炔的反应

$$HC\equiv CH + AgNO_3 \xrightarrow{NH_3 \cdot H_2O} AgC\equiv CAg\downarrow \quad \text{白色}$$

$$HC\equiv CH + CuCl \xrightarrow{NH_3 \cdot H_2O} CuC\equiv CCu\downarrow \quad \text{红棕色}$$

炔化银和炔化亚铜受热或震动易发生爆炸，故常用浓盐酸分解。

$$RC\equiv CH + AgNO_3 \xrightarrow{NH_3 \cdot H_2O} RC\equiv CAg\downarrow$$

$$RC\equiv CH + CuCl \xrightarrow{NH_3 \cdot H_2O} RC\equiv CCu\downarrow$$

$$RC\equiv CR + AgNO_3 \xrightarrow{NH_3 \cdot H_2O} \text{不反应}$$

利用上法可以鉴定乙炔和末端炔烃。

(2) 炔化钠的生成和应用

$$HC\equiv CH \xrightarrow[NH_3]{NaNH_2} HC\equiv CNa \xrightarrow{X-CH_2CH_3} HC\equiv CCH_2CH_3$$

此法可以用来增长碳链。末端炔烃也可以反应。

5. 还原

(1) 催化加氢：常用 Ni、Pt、Pd 等催化加氢，最后得到烷烃。

(2) 选择加氢

用林德拉(Lindlar)催化剂催化可得顺式产物。

$$C_2H_5C\equiv CC_2H_5 + H_2 \xrightarrow[\text{喹啉}]{Pd\text{-}CaCO_3} \begin{matrix} H_5C_2 & & C_2H_5 \\ & C=C & \\ H & & H \end{matrix}$$

在液氨中用钠或锂还原炔烃可得反式产物。

$$C_2H_5C\equiv CC_2H_5 + H_2 \xrightarrow[NH_3(l)]{Na} \begin{matrix} H_5C_2 & & H \\ & C=C & \\ H & & C_2H_5 \end{matrix}$$

六、炔烃的制备

1. 由二元卤代烃脱卤化氢

$$H_3C-\underset{\displaystyle Br}{\underset{|}{CH}}-\underset{\displaystyle Br}{\underset{|}{CH}}-CH_3 \xrightarrow[EtOH]{KOH} H_3C-\underset{\displaystyle H}{\underset{|}{C}}=\underset{\displaystyle Br}{\underset{|}{C}}-CH_3 \xrightarrow{NaNH_2} H_3C-C\equiv C-CH_3$$

2. 由炔化物制备

$$RC\equiv CNa + X—R' \longrightarrow RC\equiv CR' + NaX$$

第二节　二烯烃

分子中含有两个或两个以上碳碳双键的不饱和烃称为多烯烃。二烯烃的通式为C_nH_{2n-2}。

根据二烯烃中两个双键的相对位置的不同，可将二烯烃分为三类。

1. 累积二烯烃　例如：丙二烯　$CH_2=C=CH_2$

2. 隔离二烯烃　例如：1，4-戊二烯　$CH_2=CH—CH_2—CH=CH_2$

3. 共轭二烯烃　例如：1，3-丁二烯　$CH_2=CH—CH=CH_2$

一、二烯烃的结构与稳定性

1. 丙二烯

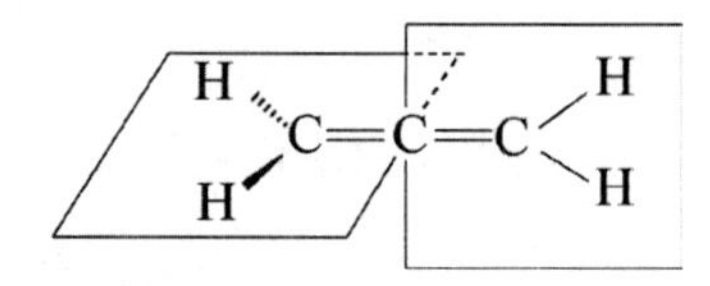

丙烯分子中碳原子的杂化形式和连接方式为：

$$\underset{sp^2}{CH_2}=\underset{sp}{C}=\underset{sp^2}{CH_2}$$

两个双键互相垂直，不可以旋转，如一个大双键一样，故也有顺反异构体。

丙二烯不稳定，性质较活泼，可以发生加成反应。

2. 1，3-丁二烯的结构

（1）1，3-丁二烯分子中4个碳原子都是sp^2杂化。

（2）所有的原子都在一个平面上，碳碳之间的夹角为120°。

（3）四个p轨道侧面重叠，形成包括四原子、四电子的共轭体系。

（4）共轭二烯烃中键长发生了变化，即平均化了。

二、共轭二烯烃的反应

1. 1，2-加成与1，4-加成

$$CH_2=CH—CH=CH_2 + HBr \longrightarrow \underset{1,2\text{-加成}}{\underset{|\ \ \ \ \ \ \ \ \ |\ \ \ \ \ \ \ \ \ \ \ \ \ \ \ \ \ \ \ }{CH_2—CH—CH=CH_2}} + CH_2—CH=CH—CH_2$$

（1，2-加成产物：$CH_2(H)—CH(Br)—CH=CH_2$；1，4-加成产物：$CH_2(H)—CH=CH—CH_2(Br)$）

低温时，1，2-加成的速率比1，4-加成的速率快，1，2-加成产物的含量多，反应为速率控制。较高温度时，由于1，4-加成产物较稳定，一旦生成后就不容易逆转，故在平衡混合物中1，4-加成产物的含量多，反应为平衡控制。

2. 狄尔斯—阿尔德反应（双烯合成）

（1）反应方程式

丁二烯 + CH₂=CH—CHO $\xrightarrow{\text{加热}}$ 3-环己烯甲醛（CHO）

（2）双烯体和亲双烯体

提供共轭双键的烯烃为双烯体，提供一个双键的为亲双烯体。亲双烯体分子中连有吸电子基团时，反应容易进行。

（3）常见的吸电子基团有—CHO、—COOR、—COR、—CN、$—NO_2$等。

第三节　共轭效应

一、共轭效应的产生和类型

1. 共轭效应(conjugative effect)的产生

共轭体系中各个 σ 键都在同一个平面上，参加共轭的 p 轨道互相平行而发生重叠，形成分子轨道，从而产生共轭效应。

2. 类型

π-π 共轭：$CH_2=CH-CH=CH_2$

p-π 共轭：$CH_2=CH-CH_2^+$　$CH_2=CH-CH_2^-$　$CH_2=CH-Cl$

σ-π 超共轭：$CH_3-CH=CH_2$

σ-p 超共轭：$(CH_3)_3C^+$

二、共轭效应的特征

1. 键长平均化。共轭链越长，单键和双键的键长越相近。苯环的六个 C—C 键的键长完全相等。

2. 共轭烯烃体系的能量降低。

三、共轭效应的传递

当共轭体系一端受电场的影响时，就能沿着共轭链传递得很远，同时在共轭链上的原子将依次出现电子云分布的交替现象。

四、共轭效应的相对强度

1. p-π 共轭

p 电子朝着双键方向转移，呈供电子效应($+C$)。

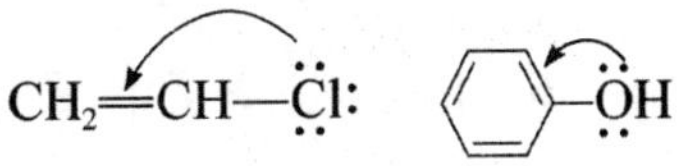

$CH_2=CH-\ddot{C}l:$　　$C_6H_5-\ddot{O}H$

2. π-π 共轭

π 键电子云朝电负性强的元素偏移，呈现出吸电子效应($-C$)。

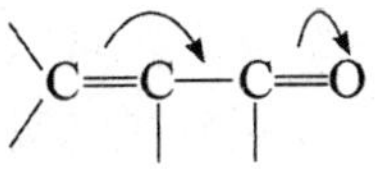

$>C=C-C=O$

3. σ-π 和 σ-p 超共轭

超共轭效应一般都是供电子的。

参与共轭的 C—H 键越多，产生的超共轭效应越强。但超共轭效应相比来说比较弱。

超共轭效应越多，正电荷越分散，碳正离子越稳定。故有：

$$(CH_3)_3C^+ > (CH_3)_2CH^+ > CH_3CH_2^+ > CH_3^+$$

4. 共轭效应常与诱导效应共存

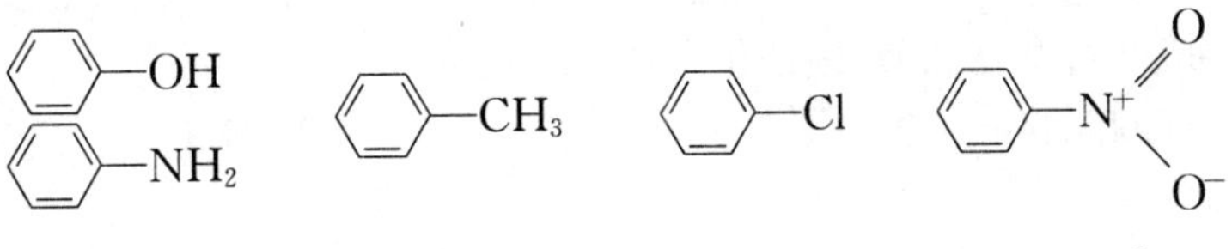

	C_6H_5-OH $C_6H_5-NH_2$	$C_6H_5-CH_3$	C_6H_5-Cl	$C_6H_5-N^+(=O)-O^-$
诱导：	$-I$	$+I$	$-I$	$-I$
	⩓		∨	
共轭：	$+C$	$+C$	$+C$	$-C$

两种效应共存时，应综合考虑。一般认为，羟基、氨基为强给电子基团，烷基为弱给

电子基团，卤素为弱吸电子基团，硝基为强吸电子基团。

复习题

一、选择题

1. 下列化合物中，碳原子在一条直线上的是　（　　）

A. 正丁烷　B. 异丁烷　C. 2-丁烯　D. 2-丁炔

2. 下列化合物中，分子式不符合通式 C_nH_{2n-2} 的是　（　　）

A. 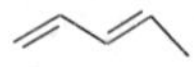　B. 　C. 　D.

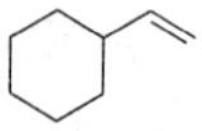

3. 下列碳原子的杂化状态仅为 sp^2 的化合物是　（　　）

A. 　B. 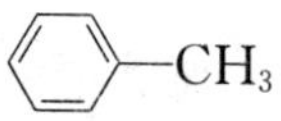 —CH_3

C. 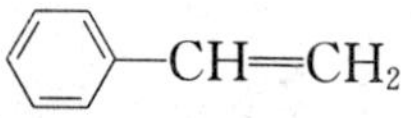 —$CH═CH_2$　D. 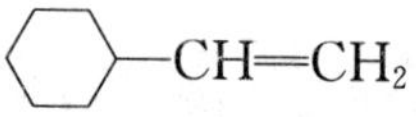 —$CH═CH_2$

4. 某炔烃加氢后生成 2-甲基丁烷，则该炔烃可能是　（　　）

A. 2-甲基-1-丁炔　B. 2-甲基-3-丁炔

C. 3-甲基-1-丁炔　D. 3-甲基-2-丁炔

5. 室温下能与硝酸银的氨溶液作用，生成白色沉淀的是　（　　）

A. 1,3-丁二烯　B. 1-丁炔　C. 1-丁烯　D. 2-丁炔

6. 下列碳正离子中，最稳定的是　（　　）

A. $CH_2═CHCH_2^+$　B. $CH_3CH_2CH_2^+$

C. $CH_3CH^+CH_3$　D. $(CH_3)_3C^+$

7. 某烯烃经 $KMnO_4$ 氧化得一分子乙酸和一分子草酸，该烯烃的可能结构式是　（　　）

A. $CH_2═CH—CH═CH—CH_3$　B. $CH_3—CH═CH—CH_3$

C. $CH_3—CH═CH—CH_2—CH_3$　D. $CH_2═CH—CH_2—CH═CH_2$

8. 1-戊烯-4-炔与 1 mol Br_2 反应后主要产物为　（　　）

A. 3,5-二溴-1-戊烯-4-炔　B. 4,5-二溴-1-戊炔

C. 1,2-二溴-1,4-戊二烯　D. 1,5-二溴-1,3-戊二烯

9. 某化合物分子式为 C_8H_{12}，常温下能与 2 mol Br_2 发生加成，被酸性 $KMnO_4$ 溶液氧化后生成 2-羧基己二酸，则该化合物的结构为　（　　）

A. 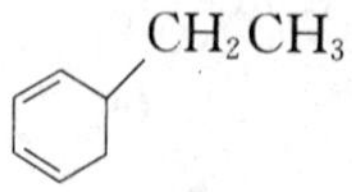 CH_2CH_3　B. 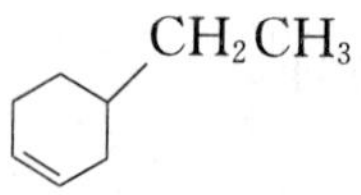 CH_2CH_3

C. 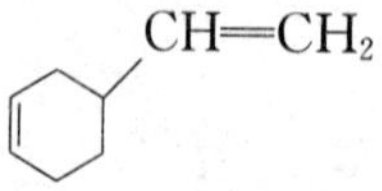 $CH═CH_2$　D. 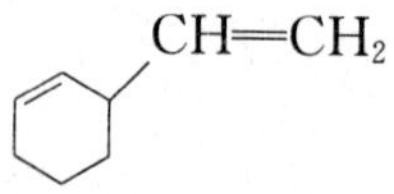 $CH═CH_2$

10. 下列化合物中不存在 π-π 共轭效应的是　(　　)

A. 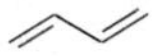　B. 　C. 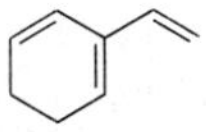　D. 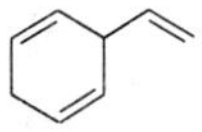

11. 下列物质的分子结构中，存在着 p-π 共轭效应的是　(　　)

A. $CH_2=CHCl$　B. 1,3-丁二烯

C. 苯乙烯　D. $CH_2=CHCH_3$

12. 为了把 3-己炔转变为反-3-己烯，应采用的反应条件是　(　　)

A. $H_2/Pd\text{-}CaCO_3$，$Pb(Ac)_2$　B. Na，液氨

C. $LiAlH_4$　D. B_2H_6

13. 下列烯烃与 HBr 进行亲电加成反应，反应速率最快的是　(　　)

A. $CH_3CH=CHCH_3$　B. $CH_2=CH-CH_3$

C. $CH_3CH=CHCF_3$　D. $CH_3\underset{\displaystyle CH_3}{\underset{|}{C}}=CH_2$

14. 用化学方法区分 1-丁炔和 2-丁炔，可以采用的试剂是　(　　)

A. 氢气　B. 溴水

C. 氯化亚铜的氨溶液　D. 浓硫酸

15. 下列论述中，哪个是正确的　(　　)

A. H 原子的“酸”性大小次序是 $CH\equiv CH > CH_2=CH_2 > CH_3-CH_3$

B. $CH_2=C=CH_2$ 中，碳原子均为 sp^2 杂化，是一个 π-π 共轭体系

C. $CH_2=CH-CH=CH_2$ 分子中的碳原子有 sp^2 杂化和 sp^3 杂化

D. 稳定性的大小次序是：

$CH_2=C=CH_2 > CH_2=CH-CH_3 > CH_2=CH-CH=CH_2$

二、用系统命名法命名下列化合物

1. $CH_3\underset{\displaystyle CH_3}{\underset{|}{C}H}C\equiv CH$

2. $(CH_3)_3CC\equiv CCH_2CH_3$

3. $CH_3CH=\underset{\displaystyle CH_3}{\underset{|}{C}}-C\equiv CH$

4. 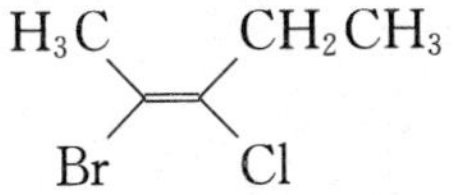

(Z/E)

5. 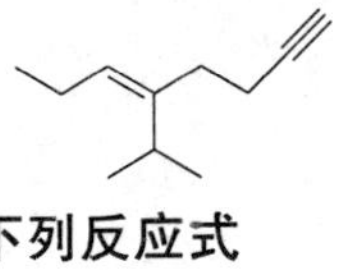

三、完成下列反应式

1. $CH_3CH_2C\equiv CH \xrightarrow{2\ HBr}$

2. $CH_3CH_2C \equiv CH + H_2O \xrightarrow[H_2SO_4]{HgSO_4}$

3. $CH_3C \equiv CH \xrightarrow{KMnO_4/H^+}$

4. $CH_2 = CH - CH = CH_2 \xrightarrow[60\ ℃]{Br_2(1\ mol)}$

5. $HC \equiv CH \xrightarrow{HCl} \qquad \xrightarrow{聚合}$

6. $Me - \equiv - Et \xrightarrow[Pd(BaSO_4)]{H_2}$

7. $CH_3C \equiv CCH_3 \xrightarrow[Na,\ NH_3(l)]{}$

8. $CH_3C \equiv CH \xrightarrow{Ag(NH_3)_2^+}$

*__9.__ $CH_3CH_2C \equiv CH \xrightarrow[NH_3(l)]{NaNH_2} \qquad \xrightarrow{CH_3CH_2Br}$

*__10.__ 1,3-环己二烯 + 氯乙烯（$CH_2=CHCl$） $\xrightarrow{\triangle}$

四、推断题

有 A 和 B 两个化合物，互为构造异构体，都能使溴的 CCl_4 溶液褪色。A 与 $Ag(NH_3)_2NO_3$ 反应生成白色沉淀，用 $KMnO_4$ 氧化时生成丙酸和二氧化碳；而 B 不与 $Ag(NH_3)_2NO_3$ 反应，用 $KMnO_4$ 氧化时只生成一种羧酸。试写出 A 和 B 的构造式。

***五、合成题**

1. 从乙炔和不超过两个碳的有机物合成 $CH_3CH_2CH_2-\overset{\overset{\large O}{\|}}{C}-CH_2CH_3$。

2. 试选择适当的反应把反-2-丁烯转变为顺-2-丁烯。

参考答案

一、选择题

1. D　**2.** C　**3.** C　**4.** C　**5.** B　**6.** A　**7.** A　**8.** B　**9.** D　**10.** D　**11.** A　**12.** B　**13.** D　**14.** C　**15.** A

二、用系统命名法命名下列化合物

1. 3-甲基-1-丁炔　　**2.** 2,2-二甲基-3-己炔

3. 3-甲基-3-戊烯-1-炔　　**4.** *Z*-3-氯-2-溴-2-戊烯

5. (5*Z*)- 5-异丙基-5-辛烯-1-炔

三、完成下列反应式

1. $CH_3CH_2\overset{\overset{Br}{|}}{\underset{\underset{Br}{|}}{C}}CH_3$　　**2.** $CH_3CH_2\overset{\overset{O}{\|}}{C}CH_3$

3. $CH_3COOH+CO_2$　　**4.** $\underset{\underset{Br}{|}}{CH_2}-CH=CH-\underset{\underset{Br}{|}}{CH_2}$

5. $H_2C=CHCl$　　$-\!\!\![CH_2-\underset{\underset{Cl}{|}}{CH}]\!\!\!-_n$　　**6.** (H)(Me)C=C(H)(Et)（H 与 H 同侧）

7. H_3C(H)C=C(H)CH_3（H_3C 与 CH_3 异侧）　　**8.** $CH_3C\equiv CAg\downarrow$

9. $CH_3CH_2C\equiv CNa$　　$CH_3CH_2C\equiv CCH_2CH_3$　　**10.** （双环结构，带 Cl）

四、推断题

A. $CH_3—CH_2—C≡CH$

B. $CH_3—C≡C—CH_3$ 或 $CH_2═CH—CH═CH_2$

五、合成题

1. 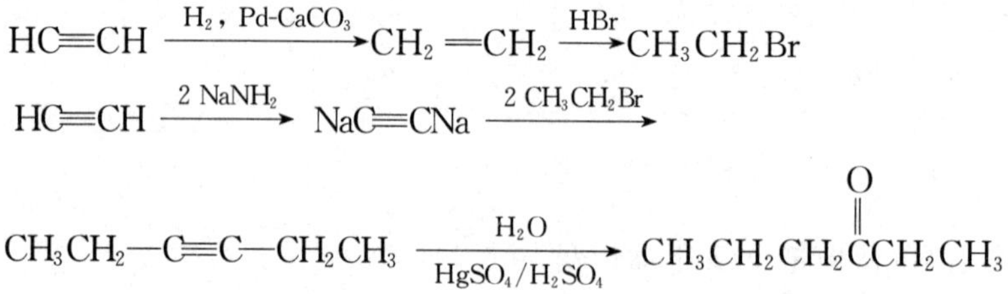 $HC≡CH \xrightarrow{H_2,\ Pd\text{-}CaCO_3} CH_2═CH_2 \xrightarrow{HBr} CH_3CH_2Br$

$HC≡CH \xrightarrow{2\ NaNH_2} NaC≡CNa \xrightarrow{2\ CH_3CH_2Br}$

$CH_3CH_2—C≡C—CH_2CH_3 \xrightarrow[HgSO_4/H_2SO_4]{H_2O} CH_3CH_2CH_2\overset{O}{\overset{\|}{C}}CH_2CH_3$

2. (H)(H₃C)C=C(CH₃)(H) $\xrightarrow{Br_2,\ CCl_4} H_3C—\underset{Br}{\underset{|}{CH}}—\underset{Br}{\underset{|}{CH}}—CH_3 \xrightarrow{KOH,\ EtOH}$

$CH_3—CH═\underset{Br}{\underset{|}{C}}—CH_3 \xrightarrow{NaNH_2} CH_3—C≡C—CH_3 \xrightarrow[喹啉]{H_2,\ Pd\text{-}BaSO_4}$

(H₃C)(H)C=C(CH₃)(H)

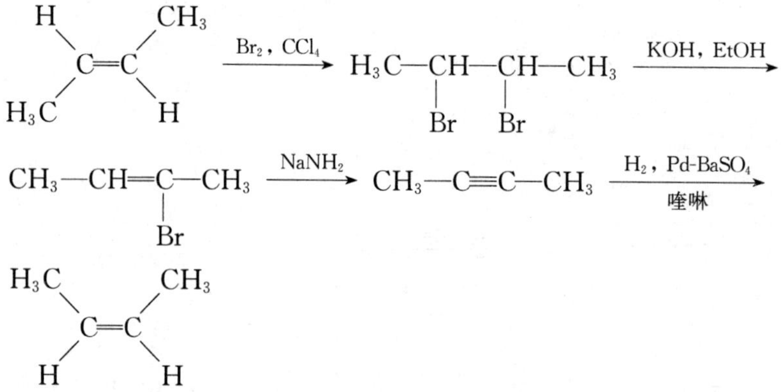

(陈冬生)

第五章　芳香烃

知识点总结

一、苯的结构

苯的分子式为 C_6H_6。1865 年，德国化学家凯库勒提出关于苯的结构的构想：苯分子中的 6 个碳原子以单双键交替形式互相连接，构成正六边形平面结构，键角为 120°。每个碳原子连接一个氢原子。

现代杂化理论认为，苯分子的 6 个碳原子均以 sp^2 杂化，每个碳原子形成三个 sp^2 杂化轨道，其中一个杂化轨道与氢成键，另两个杂化轨道与两个碳原子成键。每一个碳原子还有一个未参加杂化的 p 轨道，彼此相互平行重叠，形成一个六原子六电子的共轭大 π 键。

二、命名及同分异构体

苯及其同系物的通式为 C_nH_{2n-6}。

烷基苯的命名以苯作为母体，烷基作取代基，根据烷基的名称叫"某苯"。

当苯环上连有多个不同的烷基时，烷基名称的排列应从简单到复杂，环上编号从简单取代基开始，沿其他取代基位次尽可能小的方向编号。

当命名某些芳烃时，也可以把苯作为取代基。

芳烃分子中去掉一个氢，剩余部分叫芳基(—Ar)，常见的有苯基(—Ph)、苯甲基(苄基)。

三、化学性质

由于环状大 π 键的存在，通常情况下，苯环很稳定，很难发生加成反应，也难被氧化，在一定条件下能发生亲电取代反应，称为"芳香性"。

(一) 苯的亲电取代反应

苯环的取代反应都是亲电取代反应，亲电取代反应是指由亲电试剂进攻而引起的取代反应，可用下列通式表示：

苯 + E^+ —慢→ 碳正离子中间体(H、E) —$-H^+$，快→ 取代产物(E)

亲电试剂　碳正离子中间体　取代产物

($E^+ = X^+$，NO_2^+，SO_3，R^+，RCO^+，…)

1. 卤代反应：在路易斯酸($FeCl_3$、$AlCl_3$、$FeBr_3$ 等)催化下进行。

甲苯(CH_3) $+ Br_2$ —$FeBr_3$→ 对溴甲苯(CH_3，Br) + 邻溴甲苯(CH_3，Br)

2. 硝化反应:用浓硫酸和浓硝酸(称为混酸)为硝化试剂,在一定温度下进行。

$$C_6H_6 + HNO_3 \xrightarrow[50\sim60\ ℃]{浓\ H_2SO_4} C_6H_5NO_2$$

3. 磺化反应:用浓硫酸或发烟硫酸作为磺化试剂,磺化反应为可逆反应。

$$C_6H_6 + H_2SO_4 \xrightarrow{发烟} C_6H_5SO_3H$$

***4.** 傅-克反应

(1) 傅-克烷基化反应

在无水三氯化铝催化下,苯与卤代烷反应,可以在苯环上引入一烷基。

由于傅-克烷基化反应的中间体是碳正离子,所以可能会发生重排反应。例如苯和1-氯丙烷的反应,因为在反应过程中,正丙基碳正离子发生重排而形成较稳定的异丙基碳正离子,因而生成两种产物。

$$C_6H_6 + CH_3CH_2CH_2Cl \xrightarrow{AlCl_3} C_6H_5CH_2CH_2CH_3\ (35\%) + C_6H_5CH(CH_3)_2\ (65\%)$$

(2) 傅-克酰基化反应

在无水三氯化铝催化下,苯可以与酰卤或酸酐反应,在苯环上引入一个酰基而生成芳酮。酰基化反应不会发生重排。

$$C_6H_6 + CH_3CH_2\overset{O}{\overset{\|}{C}}Cl \xrightarrow{AlCl_3} C_6H_5\overset{O}{\overset{\|}{C}}CH_2CH_3$$

注意:傅-克烷基化或者酰基化反应都要求芳环上的电子云密度不能小于苯,如芳环上有硝基、氰基等吸电子基团时,则不能发生傅-克反应。

(二) 亲电取代反应的定位规律及其应用

1. 定位规律

苯环上已有一个取代基,再导入第二个取代基时,要遵守苯环的定位规律。

邻对位定位基:能使苯环的亲电取代反应变得比苯容易,将苯环活化,把第二个取代基引入它的邻对位。常见的有如下几种:

强致活基:$—NH_2$、—OH、$—OCH_3$、—NHR　　中等致活基:—NHCOR　—OCOR

弱致活基:—R　　弱致钝基:—X(F、Cl、Br、I)

间位定位基:能使苯环的亲电取代反应变得比苯困难,将苯环钝化,把第二个取代基引入它的间位,常见的有:

强致钝基:$—N^+(CH_3)_3$、$—NO_2$　　中等致钝基:—CN、$—SO_3H$

弱致钝基:—COR、—CHO、—COOH、—COOR、—CONHR

2. 定位规律的应用

当苯环上有两个取代基，再导入第三个取代基时，新的取代基导入位置分以下几种情况：

(1) 两个取代基定位方向一致：它们的作用具有加和性。

(2) 两个取代基定位方向不一致：

两个都是邻对位定位基，但是强弱不同，总的定位效应是强的取代基起主导作用。

一个是邻对位定位基，一个是间位定位基，邻对位定位基起主导作用。

两个均是间位定位基，二者的定位效应在互相矛盾时反应很难发生。

（三）苯环侧链的反应

1. 苯环侧链上的取代反应

甲苯在光照情况下与氯气的反应，不是发生在苯环上而是发生在侧链上。

$$C_6H_5-CH_3 + Cl_2 \xrightarrow{\text{光照}} C_6H_5-CH_2Cl$$

2. 苯环侧链的氧化反应

苯环一般不易氧化，但苯环的侧链在强氧化剂作用下，苯环上含 α-H 的侧链能被氧化，不论侧链有多长，氧化产物均为苯甲酸。若侧链上不含 α-H，则不能发生氧化反应。

$$(CH_3)_3C-C_6H_4-CHR_2 \xrightarrow[H_3O^+]{KMnO_4} (CH_3)_3C-C_6H_4-COOH$$

（四）稠环芳香烃

稠环芳香烃是指两个或两个以上苯环共用两个邻位碳原子稠合而成的多环芳香烃。重要的稠环芳烃有萘、蒽、菲等。

1. 萘

萘是两个苯环通过共用两个相邻碳原子形成的芳烃。萘分子中键长平均化程度没有苯高，因此稳定性比苯差，反应活性比苯高，不论是取代反应或是加成、氧化反应均比苯容易。

萘的化学性质与苯相似，也能发生卤代、硝化和磺化反应等亲电取代反应。由于萘环上 α 位电子云密度比 β 位高，所以取代反应主要发生在 α 位。

2. 蒽和菲

（五）休克尔规则

1931 年，休克尔从分子轨道理论角度提出了判断芳香化合物的规则，这个规则强调了两点：① 在环状共轭多烯烃分子中，组成环的原子在同一平面上或接近同一平面；② 离域的 π 电子数为 $4n+2$ 时，该类化合物具有芳香性。这个规则称为休克尔规则，也叫 $4n+2$ 规则。

常见的具有芳香性的非苯系芳烃有：

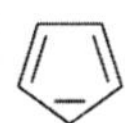

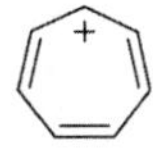

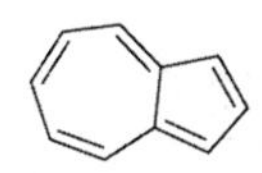

复习题

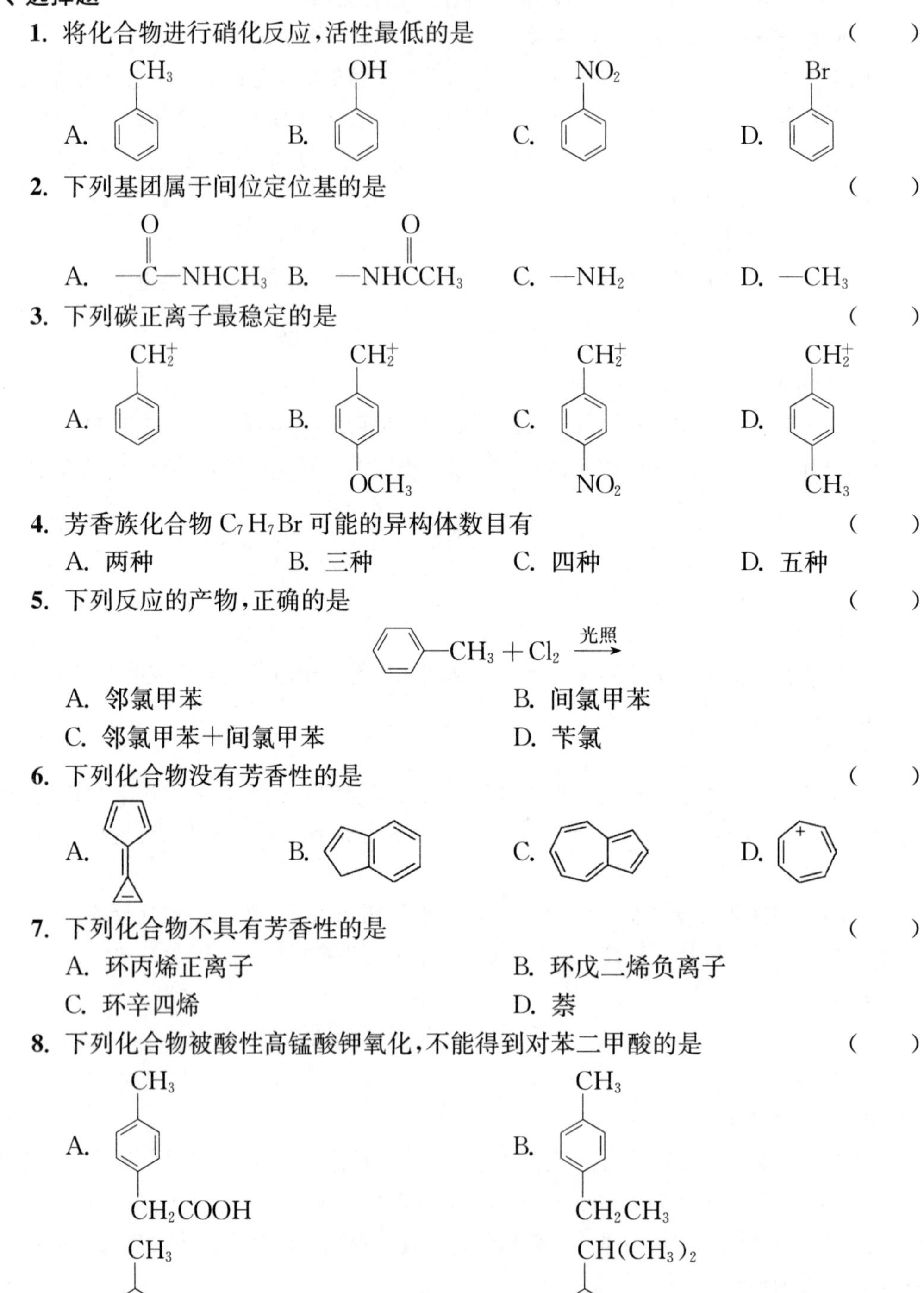

一、选择题

1. 将化合物进行硝化反应，活性最低的是 （　）

A. CH_3（苯环）　B. OH（苯环）　C. NO_2（苯环）　D. Br（苯环）

2. 下列基团属于间位定位基的是 （　）

A. $-\overset{O}{\overset{\|}{C}}-NHCH_3$　B. $-NH\overset{O}{\overset{\|}{C}}CH_3$　C. $-NH_2$　D. $-CH_3$

3. 下列碳正离子最稳定的是 （　）

A. CH_2^+（苯环）　B. CH_2^+（苯环）OCH_3　C. CH_2^+（苯环）NO_2　D. CH_2^+（苯环）CH_3

4. 芳香族化合物 C_7H_7Br 可能的异构体数目有 （　）

A. 两种　B. 三种　C. 四种　D. 五种

5. 下列反应的产物，正确的是 （　）

$$C_6H_5-CH_3 + Cl_2 \xrightarrow{\text{光照}}$$

A. 邻氯甲苯　B. 间氯甲苯

C. 邻氯甲苯+间氯甲苯　D. 苄氯

6. 下列化合物没有芳香性的是 （　）

A.　B.　C.　D.

7. 下列化合物不具有芳香性的是 （　）

A. 环丙烯正离子　B. 环戊二烯负离子

C. 环辛四烯　D. 萘

8. 下列化合物被酸性高锰酸钾氧化，不能得到对苯二甲酸的是 （　）

A. CH_3（苯环）CH_2COOH　B. CH_3（苯环）CH_2CH_3

C. 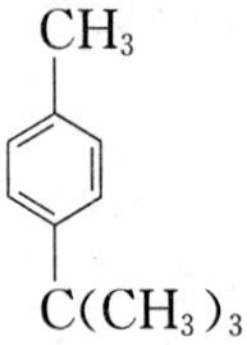 CH_3（苯环）$C(CH_3)_3$　D. 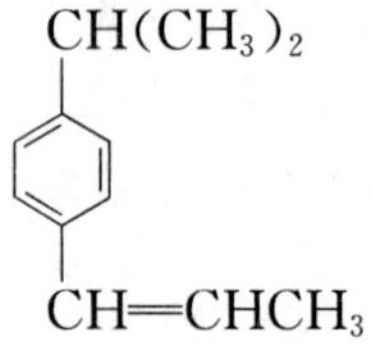 $CH(CH_3)_2$（苯环）$CH{=}CHCH_3$

9. 下列说法错误的是　　　　(　　)

A. 甲基和甲氧基都是邻对位定位基

B. 苯环的芳香性指的是苯环难氧化、难加成、易亲电取代的性质

C. 甲苯和硝基苯都可以发生傅-克酰化反应

D. 苯环一般情况下很难被氧化，但苯环的侧链易被氧化

10. 下列说法错误的是　　　　(　　)

A. 萘的 α 位比 β 位活泼

B. 傅-克烷基化会发生重排，而傅-克酰基化不会重排

C. 萘发生亲电取代反应的活性比苯高

D. 卤素是弱吸电子基，属于间位定位基

二、命名下列化合物

1. 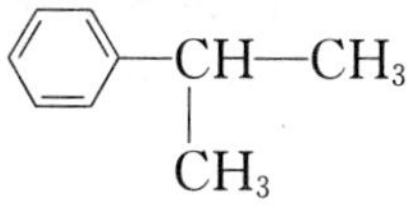 C_6H_5—CH—CH_3（CH 上连 CH_3）

2. Cl—C_6H_4—C≡CH

3. CH_3，O_2N，NO_2，NO_2（苯环）

4. C_6H_5—CH—CH=CHCH$_3$（CH 上连 CH_2CH_3）

5. Br，—CH_2Br（苯环邻位）

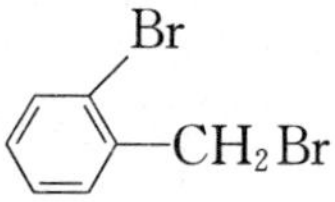

6. 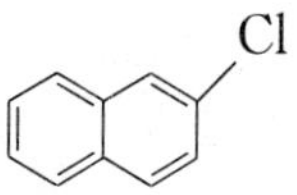 Cl（萘环）

7. 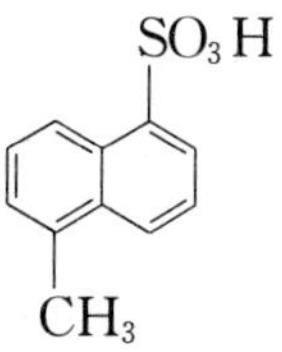 SO_3H，CH_3（萘环）

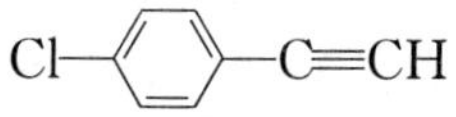

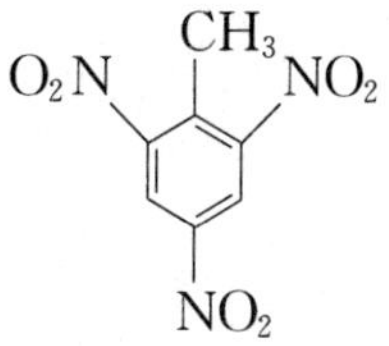

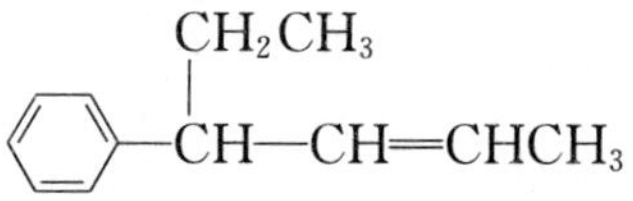

8. 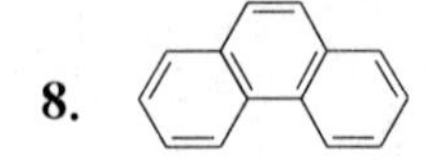

9. $Br-C_6H_4-NH_2$

10. $C_6H_5-C_6H_{11}$

三、完成下列反应方程式

1. $C_6H_5CH_3 + Br_2 \xrightarrow{Fe}$

2. $C_6H_5CH(CH_3)_2 + Br_2 \xrightarrow{光照}$

3. $C_6H_5-NO_2 + HNO_3 \xrightarrow[\triangle]{浓 H_2SO_4}$

4. $o\text{-}CH_3C_6H_4-C(CH_3)_3 \xrightarrow[H_3O^+]{KMnO_4}$

5. $C_6H_6 + C_6H_{11}-Cl \xrightarrow{AlCl_3}$

6. $C_6H_6 + CH_3CH_2\overset{O}{\overset{\|}{C}}Cl \xrightarrow{AlCl_3}$

7. $H_3C-C_6H_4-CN + Br_2 \xrightarrow{FeCl_3}$

8. $C_6H_5CH{=}CHCH_3 \xrightarrow[H^+]{KMnO_4}$

9. $C_{10}H_8 \xrightarrow[H_2SO_4]{HNO_3}$

*10. 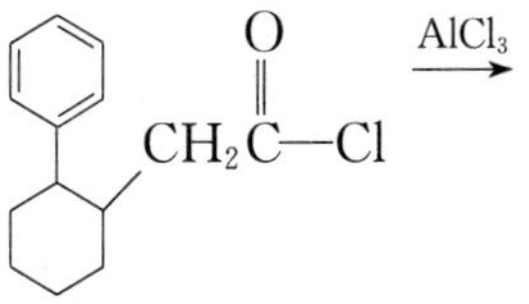 O ‖ CH_2C—Cl $\xrightarrow{AlCl_3}$

四、推断题

1. 某化合物 A 的分子式为 C_9H_8，与 $Ag(NH_3)_2Cl$ 反应生成白色沉淀，在 Ni 催化下，A 与氢气反应生成 B，B 的分子式为 C_9H_{12}，B 与酸性高锰酸钾反应得到对苯二甲酸。试推测出 A、B 的可能结构式。

2. 某烃 A 分子式为 C_9H_{10}，在室温时能迅速使 Br_2/CCl_4 溶液褪色。在温和条件下氢化时，只吸收 1 mol H_2，生成化合物 B，A 在强烈条件下氢化时可吸收 4 mol H_2，生成化合物 C。A 被酸性高锰酸钾氧化时，可生成邻苯二甲酸。请写出 A、B、C 的可能结构式。

五、合成题

用苯、甲苯等有机物为主要原料合成下列各化合物。

1. 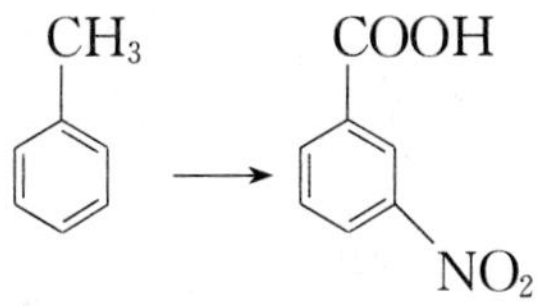 CH_3 ⟶ COOH NO_2

2. 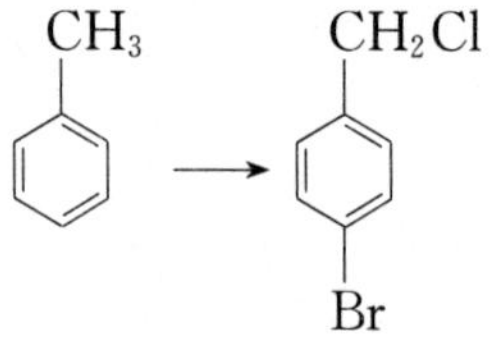 CH_3 ⟶ CH_2Cl Br

3. CH_3 ⟶ COOH Br NO_2

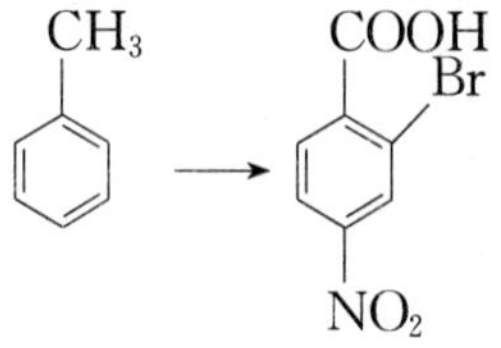

*4. 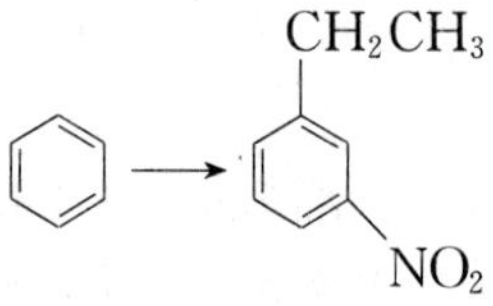 ⟶ CH_2CH_3 NO_2

参考答案

一、选择题

1. C **2.** A **3.** B **4.** C **5.** D **6.** B **7.** C **8.** C **9.** C **10.** D

二、命名下列化合物

1. 异丙苯 **2.** 对氯苯乙炔

3. 2,4,6-三硝基甲苯 **4.** 4-苯基-2-己烯

5. 邻溴苄溴 **6.** 2-氯萘

7. 5-甲基-1-萘磺酸 **8.** 菲

9. 对溴苯胺 **10.** 环己基苯

三、完成下列反应方程式

1. 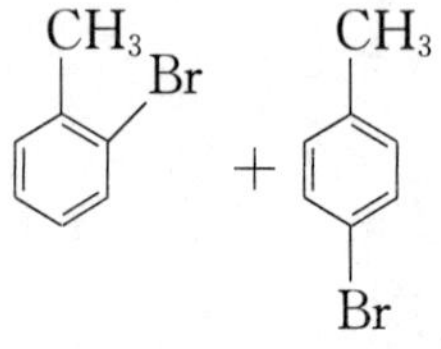 CH_3 Br + CH_3 Br **2.** Br **3.** NO_2 NO_2

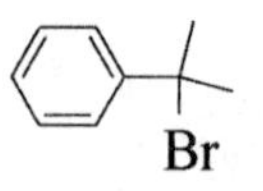

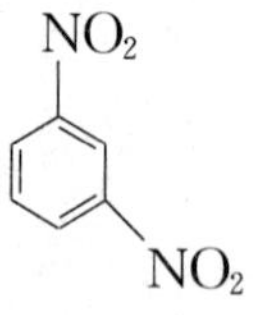

4. 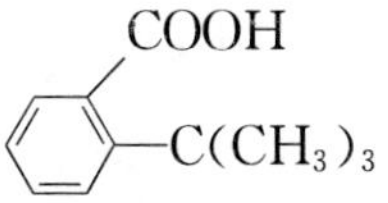 $COOH$ / $-C(CH_3)_3$　　5. 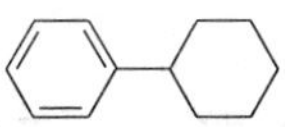　　6. 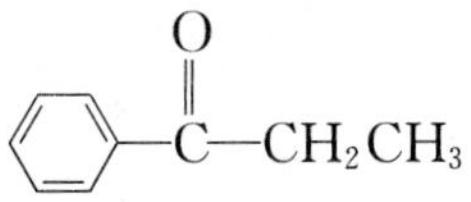 O / $-C-CH_2CH_3$

7. 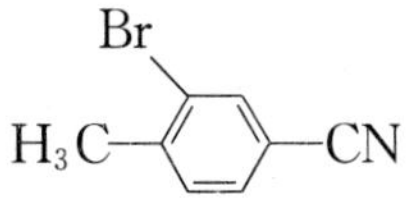 Br / H_3C- / $-CN$　　8. 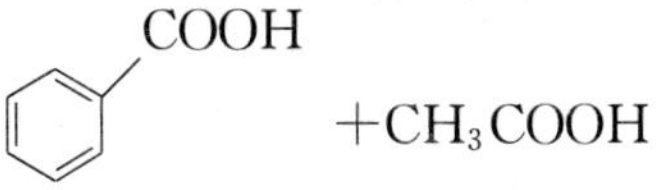 $COOH$　$+CH_3COOH$

9. 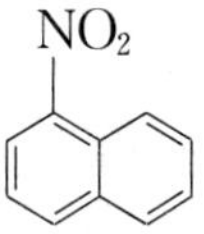 NO_2　　10. 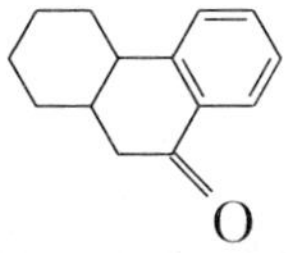 O

四、推断题

1. A. 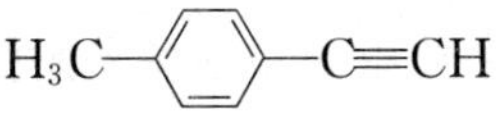 H_3C- $-C\equiv CH$　　B. 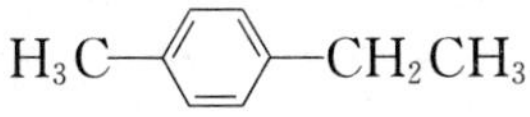 H_3C- $-CH_2CH_3$

2. A. 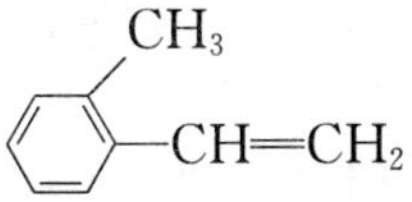 CH_3 / $-CH=CH_2$　　B. 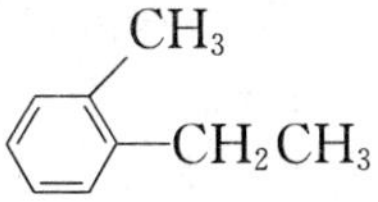 CH_3 / $-CH_2CH_3$　　C. 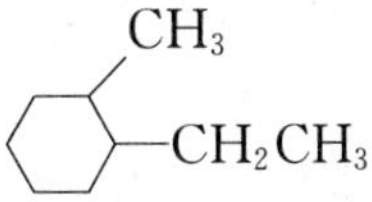 CH_3 / $-CH_2CH_3$

五、合成题

1. 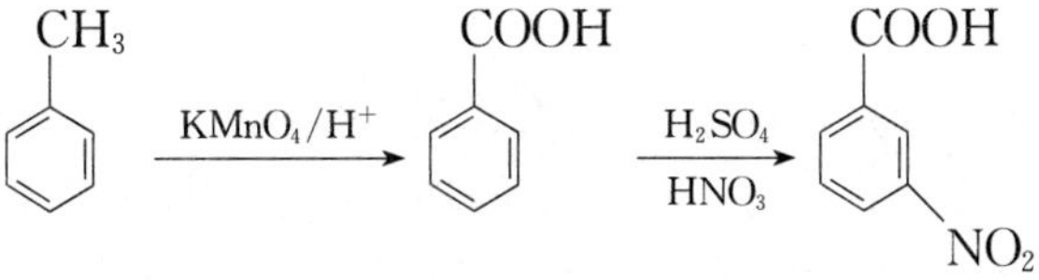 CH_3 $\xrightarrow{KMnO_4/H^+}$ $COOH$ $\xrightarrow[HNO_3]{H_2SO_4}$ $COOH$ / NO_2

2. CH_3 $\xrightarrow[Fe]{Br_2}$ CH_3 / Br $\xrightarrow[光照]{Cl_2}$ CH_2Cl / Br

3. CH_3 $\xrightarrow[H_2SO_4]{HNO_3}$ CH_3 / NO_2 $\xrightarrow[Br_2]{Fe}$ CH_3 / Br / NO_2 $\xrightarrow{KMnO_4/H^+}$ $COOH$ / Br / NO_2

4. $\xrightarrow[AlCl_3]{CH_3\overset{O}{\overset{\|}{C}}-Cl}$ $CH_3\overset{O}{\overset{\|}{C}}-$ $\xrightarrow[HNO_3]{H_2SO_4}$ $CH_3\overset{O}{\overset{\|}{C}}-$ / NO_2 $\xrightarrow[HCl]{Zn/Hg}$

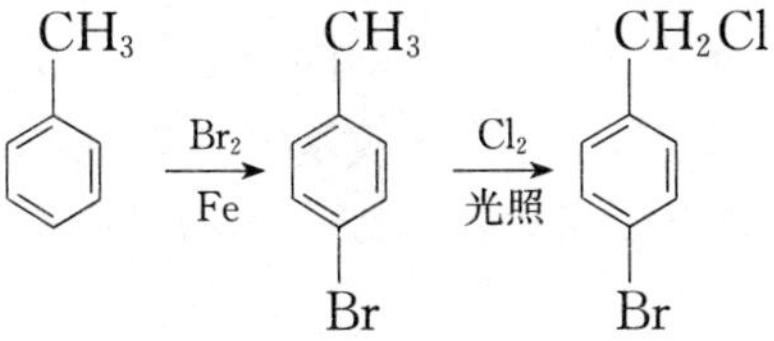

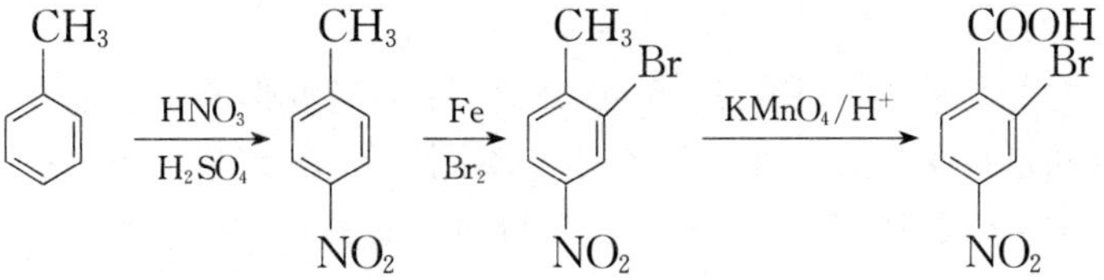

CH_3CH_2- / NO_2

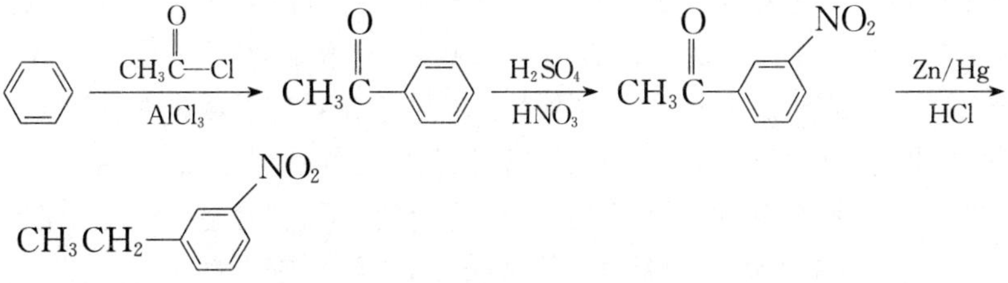

（陈冬生）

第六章　对映异构

知识点总结

一、偏振光和物质的旋光性

物质使偏振光的振动方向发生旋转的性质称为旋光性。具有旋光性的物质称为旋光性物质。旋光性物质使偏振光的振动方向旋转的角度,称为旋光度,用 α 表示。使偏振光的振动方向顺时针旋转的物质称右旋体,用“+”表示。而使偏振光的振动方向逆时针旋转的物质,称左旋体,用“—”表示。旋光性物质的旋光度和旋光方向可用旋光仪来测定。

旋光度的大小和方向,不仅取决于旋光性物质的结构和性质,而且与测定时溶液的浓度(或纯液体的密度)、盛液管的长度、溶剂的性质、温度和光波的波长等有关。

二、异构体的分类

分子式相同但结构不同的化合物称为同分异构体,主要分为两大类:构造异构和立体异构。构造异构是指具有相同分子式但分子中原子的连接顺序不同而产生的异构。构造异构可分为碳架异构、官能团位置异构、官能团异构和互变异构。立体异构是指具有相同的分子式、相同的原子连接顺序,但在空间的排列方式不同。立体异构分为构型异构和构象异构。构象异构是由于单键的旋转而引起的原子或基团在空间的排列方式不同,而构型异构是指原子或基团在空间的固定的排列方式不同。构型异构又分为顺反异构和对映异构。

三、手性的判断

对映异构的结构特征是手性。手性是指两个物体互为镜像但不能重叠的现象。手性分子的判断最简单的是找手性碳原子。连有 4 个不同的原子或基团的碳称为手性碳。如果分子中只存在一个手性碳原子,则必定存在一对对映异构体。化合物旋光性质的产生是由于分子结构的不对称性。手性碳原子只是不对称性因素中的一种,不是唯一的。

如果分子中存在两个以上的手性碳原子,判断一个化合物是不是手性分子,一般要考查它是否有对称面或对称中心等对称因素。如果存在对称面或者对称中心,则该化合物没有手性,如果既不存在对称面也不存在手性中心,则该化合物有手性。

判断一个化合物是否有旋光性,则要看该化合物是否是手性分子。如果是手性分子,则该化合物一定有旋光性。如果是非手性分子,则没有旋光性。

由此可见,分子中有无手性碳原子不是判断分子有无旋光性的绝对依据。分子有旋光性的绝对依据是其具有手性。有些化合物,虽然不含有手性碳原子,但由于它有手性,也可以是光学活性物质。

四、对映体、非对映体、外消旋体和内消旋体

彼此互为实物和镜像关系,但不能完全重合的一对构型异构体叫做对映异构体,简

称对映体。因其对映体的旋光性不同，所以又称旋光异构体或光学异构体。一对对映体的比旋光度大小相等，方向相反，熔点、沸点、溶解度等物理性质相同，除了与手性试剂反应，对映体的化学性质也相同。但一对对映体的生理活性往往是截然不同的。

彼此不成镜像关系的立体异构体互为非对映异构体，非对映体的物理性质和化学性质都不相同。

一对对映体的等量混合物称为外消旋体。外消旋体不显旋光性，一般用符号(±)表示。分子中虽有手性碳原子，但又存在对称因素的物质，称为内消旋体。通常以 meso-表示。内消旋体是纯净物，也没有旋光性。

五、对映异构体的表示形式及标示方法

1. 对映异构体的表示形式

因对映异构属于构型异构，分子的构型最好用分子模型或立体结构式表示，但书写不方便。一般用费歇尔投影式表示。含一个手性碳原子的分子的费歇尔投影式是一个十字交叉的平面式。它所代表的分子构型是：十字交叉点处是手性碳原子，横键表示的是朝纸平面前方伸展的键，竖键表示朝纸平面后方伸展的键。但是，由于同一个分子模型摆放位置可以是多种多样，所以投影后得到的费歇尔投影式也有多个。

费歇尔投影式必须遵守下述规律，才能保持构型不变：

(1) 任何两个原子或原子团的位置，经过偶数次交换后构型不变。

(2) 如投影式不离开纸平面旋转 180°，则构型不变。

(3) 如投影式离开纸平面旋转 180°，则构型改变。

(4) 投影式中一个基团不动，其余三个按顺时针或逆时针方向旋转，构型不变。

2. 构型的表示方法

对映体有 D/L 和 R/S 两种命名法，D/L 构型表示法有一定的局限性，由于长期习惯，糖类和氨基酸类化合物目前仍沿用 D/L 构型的表示方法。R/S 构型表示法是基于手性碳原子的实际构型进行表示，因此是绝对构型。其方法是：按次序规则，对手性碳原子上连接的四个不同基团进行优先次序排列，然后将最小的基团 d 摆在远离眼睛的位置，最后绕 a→b→c 画圆，如果为顺时针方向，则该手性碳原子为 R 构型；如果为逆时针方向，则该手性碳原子为 S 构型。

对于费歇尔投影式：当最小的基团在横线上时，如果 a→b→c 画圆方向是顺时针，为 S 构型，是逆时针为 R 构型；当最小基团在竖线上时，如果 a→b→c 画圆方向是顺时针，为 R 构型，是逆时针为 S 构型。

```
       H                    COOH              COOH
$H_3C$─┼─OH             HO─┼─H            H─┼─OH
       CH2CH3               CH3           HO─┼─COOH
                                               H
```

(*R*)-2-丁醇　　(*S*)-乳酸　　(2*R*,3*S*)-酒石酸

3. 异构体的数目

含 1 个手性碳原子的化合物有 2 个光学异构体；含 2 个不相同手性碳原子的化合物有 4 个光学异构体。依此类推，含有 n 个不相同手性碳原子化合物的光学异构体的数目

应为 2^n 个。如果有相同的手性碳原子，则光学异构体的数目应小于 2^n 个。

复习题

一、选择题

1. 下列化合物中含有手性碳原子的是 （　　）

A. CH_2Cl_2　　B. $CFBrCl_2$

C. $CH_3CHBrCOOH$　　D. CH_3CH_2OH

2. 2,3-二氯戊烷分子的立体异构体数目为 （　　）

A. 3 个　　B. 4 个　　C. 5 个　　D. 6 个

3. 既存在对映异构又存在顺反异构的是 （　　）

A. 2,3-二溴丁烯　　B. 3-溴-2-戊烯

C. 4-溴-2-戊烯　　D. 4-甲基-1-溴-1-丁烯

4. 下列说法不正确的是 （　　）

A. 含有手性碳原子的分子不一定是手性分子，手性分子也不一定有手性碳原子

B. 有机分子中如果没有对称因素(对称面和对称中心)，则分子就必然有手性

C. 外消旋体和内消旋体都是没有旋光性的化合物

D. 一对对映异构体比旋光度大小相等，方向相反

5. 按 *R*/*S* 构型标记法，下列化合物属于 *R* 构型的是 （　　）

A. 上 Cl，左 HO，右 C_2H_5，下 H

B. 上 CH_3，左 H，右 NH_2，下 COOH

C. 上 COOH，左 H，右 Br，下 CH_3

D. 上 COOH，左 Br，右 H，下 CH_3

6. 下列哪个结构式与右面方框中的投影式是同一化合物 （　　）

方框：上 CH_3，左 H，右 Br，下 CH_2CH_3

A. 上 CH_2CH_3，左 H，右 Br，下 CH_3

B. 上 H，左 H_3C，右 C_2H_5，下 Br

C. 上 CH_3，左 C_2H_5，右 Br，下 H

D. 上 CH_3，左 Br，右 H，下 C_2H_5

7. 下列化合物没有旋光性的是 （　　）

A. $H_3C(H)C=C=C(H)CH_3$

B. (H)(HOOC) 螺[3.3]庚烷 (CH_3)(COOH)

C. 2-COOH-6-NO_2 联苯 / 2'-O_2N-6'-HOOC

D. 上 CH_3；H—C—Br；Br—C—CH_3；下 H

8. 右面用锯架式表示的化合物与下列四个 Fischer 投影式所表示的化合物中哪个是相同的　　（　　）

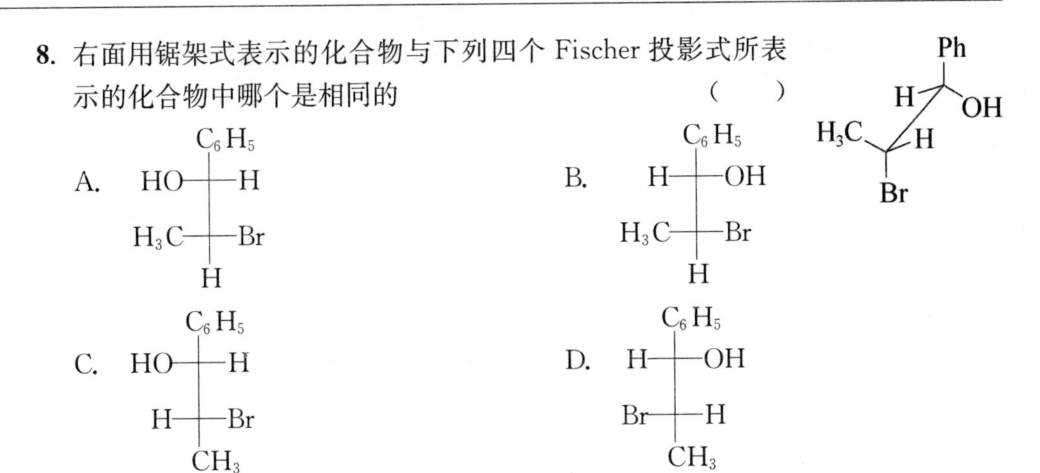

9. 分子式为 $C_5H_{11}Br$ 的所有异构体的数目为　　（　　）

A. 7　　B. 8　　C. 9　　D. 10　　E. 11

10. 下列化合物有旋光性的是　　（　　）

A. $(H_3C)(H)C=C=C(CH_3)_2$

B. 2-氯环己醇（OH 楔形键，Cl 虚线键）

C. Fischer 投影式：上 CHO；H—C—OH；HO—C—CHO；下 H

D. CH_3、H（虚线键）、H（楔形键）、Br 连于 C

11. 关于化合物 $CH_2(OH)—CH(OH)—CH(OH)—CHO$，下列说法正确的是　　（　　）

A. 有 3 个手性碳原子，8 个旋光异构体

B. 有 2 个手性碳原子，4 个旋光异构体

C. 有 2 个手性碳原子，3 个旋光异构体

D. 有 1 个手性碳原子，2 个旋光异构体

12. 化合物（Fischer 投影式：上 COOH；H—C—Br；H—C—Cl；下 CH_3）与（Fischer 投影式：上 COOH；H—C—Br；Cl—C—H；下 CH_3）应属于　　（　　）

A. 非对映体　　B. 对映体

C. 同一化合物　　D. 顺反异构体

二、命名下列化合物

1. CH_3、H（虚线键）、Br、C_2H_5（楔形键）连于 C

2. 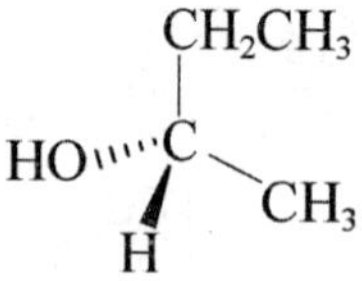
CH_2CH_3
HO···C—CH_3
H

3.
Br
H—┼—CH_2Cl
CH_3

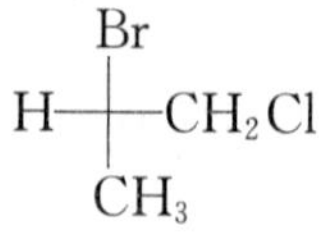

4. 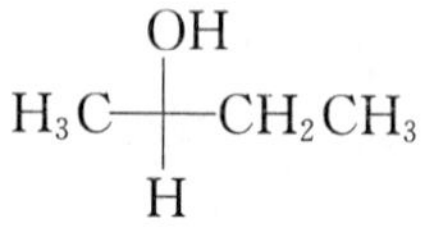
OH
H_3C—┼—CH_2CH_3
H

5. 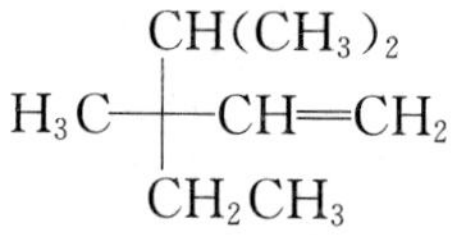
$CH(CH_3)_2$
H_3C—┼—CH=CH_2
CH_2CH_3

6. 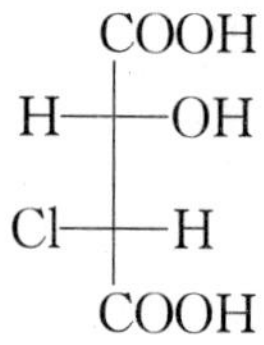
COOH
H—┼—OH
Cl—┼—H
COOH

7. 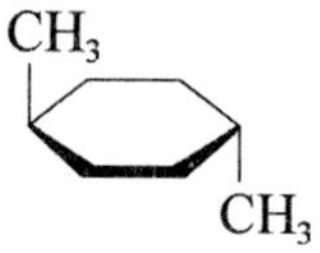
CH_3
CH_3

8. 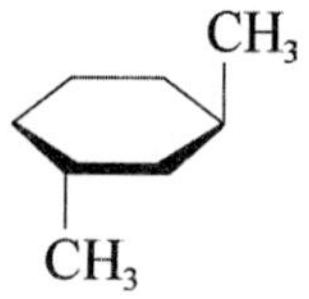
CH_3
CH_3

参考答案

一、选择题

1. C **2.** B **3.** C **4.** C **5.** C **6.** B **7.** D **8.** C **9.** E **10.** B **11.** B **12.** A

二、命名下列化合物

1. *S*-2-溴丁烷　　**2.** *S*-2-丁醇

3. *S*-1-氯-2-溴丙烷　　**4.** *R*-2-丁醇

5. *R*-3,4-二甲基-3-乙基-1-戊烯　　**6.** (2*S*,3*R*)-2-羟基-3-氯-1,4-丁二酸

7. 反-1,4-二甲基环己烷　　**8.** (1*R*,3*R*)- 1,3-二甲基环己烷

(陈冬生)

第七章　卤代烃

知识点总结

烃分子中一个氢或几个氢被卤素取代所生成的化合物叫卤代烃，一般用 RX 表示。

一、卤代烃的分类及命名

1. 按卤素连接碳原子的类型不同，可以将卤代烃分为伯卤代烃、仲卤代烃和叔卤代烃；按卤代烃中卤素原子与双键的位置，可将不饱和卤代烃分为乙烯型卤代烃、烯丙基型卤代烃和孤立型卤代烃；根据烃基的不同，将卤代烃分为脂肪族卤代烃和芳香族卤代烃。

2. 简单卤代烃可根据卤素所连烃基名称来命名，称卤代某烃。有时也可以在烃基之后加上卤原子的名称来命名，称某烃基卤。复杂的卤烃采用系统命名法。需要注意的是，卤素虽然是卤代烃的官能团，但卤原子只作为取代基。

二、物理性质

1. 状态：低级的卤代烷多为气体和液体。15 个碳原子以上的高级卤代烷为固体。

2. 沸点：卤代烃的沸点比同碳原子数的烃高。

3. 相对密度：相同烃基的卤代烃，氯代烃相对密度最小，碘代烃相对密度最大，相对密度均大于水。所有卤代烃均不溶于水，而溶于有机溶剂。

三、化学性质

由于卤素的电负性较大，碳卤键是极性较大的化学键，因此卤代烃的化学性质比较活泼。在不同试剂作用下，碳卤键断裂，生成一系列的化合物。

卤代烃中带有部分正电荷的碳原子易受到带负电荷的试剂（如 OH^-、CN^-、RO^-）或含孤对电子的试剂（如 NH_3）的进攻。上述进攻试剂称为亲核试剂 Nu^-，由亲核试剂对显正电性的碳原子进攻而引起的取代反应，称为亲核取代反应，以 S_N 表示。

$$:Nu^- + RCH_2\overset{\delta^+}{}—\overset{\delta^-}{X} \longrightarrow RCH_2Nu + X^-$$

亲核试剂　　　卤代烃　　　　　　　离去基因

（一）亲核取代反应

1. 水解反应：卤代烷与氢氧化钠或氢氧化钾的水溶液共热，可得到醇。

2. 氰解反应：卤代烷和氰化钠或氰化钾在醇溶液中反应生成腈。氰基经水解可以生成羧基（—COOH），可以制备羧酸及其衍生物，也是增长碳链的一种方法。

3. 氨解反应：卤代烷与过量的 NH_3 反应生成胺。

4. 醇解反应：卤代烷与醇钠在加热条件下生成醚，是制备不对称醚的经典方法。

5. 与硝酸银的醇溶液反应：卤代烷与硝酸银在醇溶液中反应，生成卤化银沉淀，常用于各类卤代烃的鉴别。

不同卤代烃与硝酸银的醇溶液的反应活性不同，叔卤代烷＞仲卤代烷＞伯卤代烷。

（二）消除反应

卤代烷与氢氧化钾的醇溶液共热，分子中脱去一分子卤化氢生成烯烃，这种反应称为消除反应，以 E 表示。

不同结构的卤代烷的消除反应速率：3°R－X＞2°R－X＞1°R－X（β－H 越多，消除活性越高）。

不对称卤代烷在发生消除反应时要遵循札依采夫规则，即被消除的 β-H 主要来自含氢较少的碳原子上，生成取代基较多的烯烃（原因：σ—π 超共轭效应）；卤代烯烃或卤代芳烃的消除生成以共轭烯烃为主的产物（原因：π—π 共轭效应）。

（三）与金属反应（格氏试剂）

在卤代烷的无水乙醚溶液中加入金属镁，反应立即发生，生成的溶液叫格氏试剂。

$$RX + Mg \longrightarrow RMgX\text{（烷基卤化镁）}$$

格氏试剂是一种很重要的试剂，化学性质非常活泼，它在有机合成中有广泛的应用。

① 与含活泼氢的化合物反应制备各种烃类化合物。

② 与二氧化碳反应制备羧酸：

$$RX + Mg \xrightarrow{\text{无水乙醚}} RMgX \xrightarrow[2)\ H_2O]{1)\ CO_2} RCOOH$$

③ 与醛酮反应制备醇：

$$RX + Mg \xrightarrow{\text{无水乙醚}} RMgX \xrightarrow[2)\ H_2O]{1)\ R'C(=O)R''(H)} R'C(OH)(R)R''(H)$$

（四）亲核取代反应机理

1. 单分子亲核取代反应（S_N1）：反应速率只与卤代烃的浓度有关，而与进攻试剂的浓度无关。单分子亲核取代反应分两步进行，以叔丁基溴的水解为例：第一步，叔丁基溴发生碳溴键异裂，生成叔丁基碳正离子和溴负离子，第一步反应速度很慢，是决定整个反应速率的步骤；第二步，生成的叔丁基碳正离子与亲核试剂 OH^- 结合生成叔丁醇。

$$R_1R_2R_3C\text{—}Br \xrightarrow[\text{慢}]{-Br^-} R_1R_2R_3C^+ \xrightarrow[OH^-]{\text{快}} HO\text{—}CR_1R_2R_3 + R_1R_2R_3C\text{—}OH$$

a(构型转化)　　b(构型保持)

外消旋体

S_N1 历程的反应特征是：① 反应是分步进行的；② 有活泼的碳正离子中间体生成，可能发生重排反应；③ 产物构型外消旋化。

对 S_N1 历程反应来说，其与生成的活性中间体碳正离子的稳定性有关，故不同卤代烃发生 S_N1 反应的相对速率为叔卤代烃＞仲卤代烃＞伯卤代烃。亲核试剂的亲核性对 S_N1 反应速率影响不大。极性溶剂可促使卤代烷 C—X 键异裂生成碳正离子，有利于 S_N1 反应。

2. 双分子亲核取代反应(S_N2):反应速率不仅与卤代烃的浓度有关,也与进攻试剂的浓度有关。溴甲烷在碱性溶液中的水解速度与卤代烷的浓度以及进攻试剂 OH^- 的浓度积成正比,动力学上是二级反应。S_N2 历程与 S_N1 历程不同,反应是同步进行的,即卤代烃分子中碳卤键的断裂和醇分子中碳氧键的形成是同时进行的。

$$HO^{\ominus} + R'R''RC{-}Br \xrightarrow{S_N2} HO{-}CRR'R'' + Br^{\ominus}$$

S_N2 历程的反应特征是:① 反应一步完成;② 产物构型翻转。

对 S_N2 历程反应来说,亲核试剂进攻卤代烃时,与卤代烃的位阻有很大关系,卤代烃的位阻越小,反应越快,故不同卤代烃发生 S_N2 反应的相对速率为伯卤代烃>仲卤代烃>叔卤代烃。亲核试剂的亲核性越强,越有利于 S_N2 反应。亲核试剂的亲核性与下列因素有关:① 一般情况下亲核试剂的碱性越强,亲核性越强;② 亲核试剂的可极化性越大,亲核性越强;③ 亲核试剂的位阻越小,亲核性越强;卤原子的离去能力为 $I^- > Br^- > Cl^-$。不管是 S_N2 还是 S_N1,反应活性都是碘代烃>溴代烃>氯代烃。

(五) 消除反应机理(了解)

卤代烃中显酸性的 β-H 容易受到碱的进攻,进而失去 β-H 而发生 β-消除反应。消除反应的机理也有两种,单分子消除反应(E1)和双分子消除反应(E2)。

单分子消除反应(E1)第一步生成碳正离子,第二步碱性试剂 B^- 进攻 β-H,α-C 和 β-C之间形成双键生成烯烃。

$$(CH_3)_3C{-}Br \underset{}{\overset{慢}{\rightleftharpoons}} (CH_3)_3C^+ + Br^{\ominus}$$

$$H_3C{-}\ddot{O}{-}H + H{-}CH_2{-}C^+(CH_3)_2 \xrightarrow{快} H_2C{=}C(CH_3)_2 + CH_3\overset{+}{O}H_2$$

双分子消除反应(E2)一步完成,强碱性试剂 B^- 进攻 β-H,随后 α-C 和 β-C 之间形成双键生成烯烃。

$$H_3C{-}\ddot{O}:^{\ominus} + H_3C{-}CH_2{-}CHCl{-}CH_3 \longrightarrow CH_3{-}CH{=}CH{-}CH_3 + CH_3{-}OH + Cl^{\ominus}$$

不管是 E1 消除机制还是 E2 消除机制,不同类型的卤代烃活性顺序都是叔卤代烃>仲卤代烃>伯卤代烃。

(六) 取代反应与消除反应的竞争

卤代烃的消除反应和亲核取代反应同时发生而又相互竞争,控制反应方向获得所需要的产物,在有机合成上具有重要意义,影响因素有下列几个:

1. 烷基结构的影响

卤代烃反应类型的取向取决于亲核试剂进攻烃基的部分。亲核试剂若进攻 α-碳原子，则发生取代反应；若进攻 β-氢原子，则发生消除反应。显然 α-碳原子上所连的取代基越多，空间位阻越大，越不利于取代反应（S_N2）而有利于消除反应。3°卤代烃在碱性条件下易发生消除反应。1°卤代烃与强的亲核试剂作用时，主要发生取代反应。

2. 亲核试剂的影响

亲核试剂的碱性强、浓度大有利于消除反应，反之利于取代反应。这是因为亲核试剂碱性强、浓度大有利进攻 β-氢原子而发生消除反应。

3. 溶剂的影响

一般来说，弱极性溶剂有利于消除反应，而强极性溶剂有利于取代反应。

4. 温度的影响

温度升高对消除反应、取代反应都是有利的。但由于消除反应涉及 C—H 键断裂，所需能量较高，所以提高温度对消除反应更有利。

（七）卤代烯烃和卤代芳烃

卤代烯烃分子中按卤原子和双键的相对位置不同，可分为三种类型：

1. 乙烯型卤代烯烃（$RCH=CHX$）或苯型卤代烃。这类化合物的卤原子直接连在双键碳原子上，卤原子和双键形成 p-π 共轭体系，卤原子很不活泼，一般条件下难发生取代反应。

2. 烯丙型卤代烯烃（$RCH=CHCH_2X$）或苄基型卤代烃。这类化合物的卤原子和双键相隔一个饱和碳原子，卤原子很活泼，易发生取代反应。

3. 孤立型卤代烯烃［$CH_2=CH(CH_2)_nX, n>1$］。这类化合物卤原子与双键相隔两个或多个饱和碳原子，由于卤原子和双键距离较远，互相之间影响较小，卤原子的活性与卤代烷的卤原子相似。

烯丙基型卤代烃常温下即可与硝酸银的醇溶液反应生成卤化银沉淀，孤立型卤代烃加热时也可与硝酸银的醇溶液反应生成卤化银沉淀，乙烯型卤代烃即使加热也不会与硝酸银的醇溶液反应生成卤化银沉淀。故活性顺序为烯丙型卤代烯烃＞孤立型卤代烯烃＞乙烯型卤代烯烃。

复习题

一、选择题

1. 下列有机物的相对密度大于 1（相对于水）的是 （　　）

A. 正丙烷　　B. 新戊烷　　C. 2-丁炔　　D. 2-溴丁烷

2. 下列化合物按 S_N1 历程，反应速率最大的是 （　　）

A. $CH_3CH_2CH(CH_3)CH_2CH_2Br$（即 $CH_3CH_2\underset{|}{C}HCH_2CH_2Br$，支链 CH_3）

B. $CH_3CH_2CH(CH_3)CHBrCH_3$（$CH_3CH_2CHCHCH_3$，上连 Br，下连 CH_3）

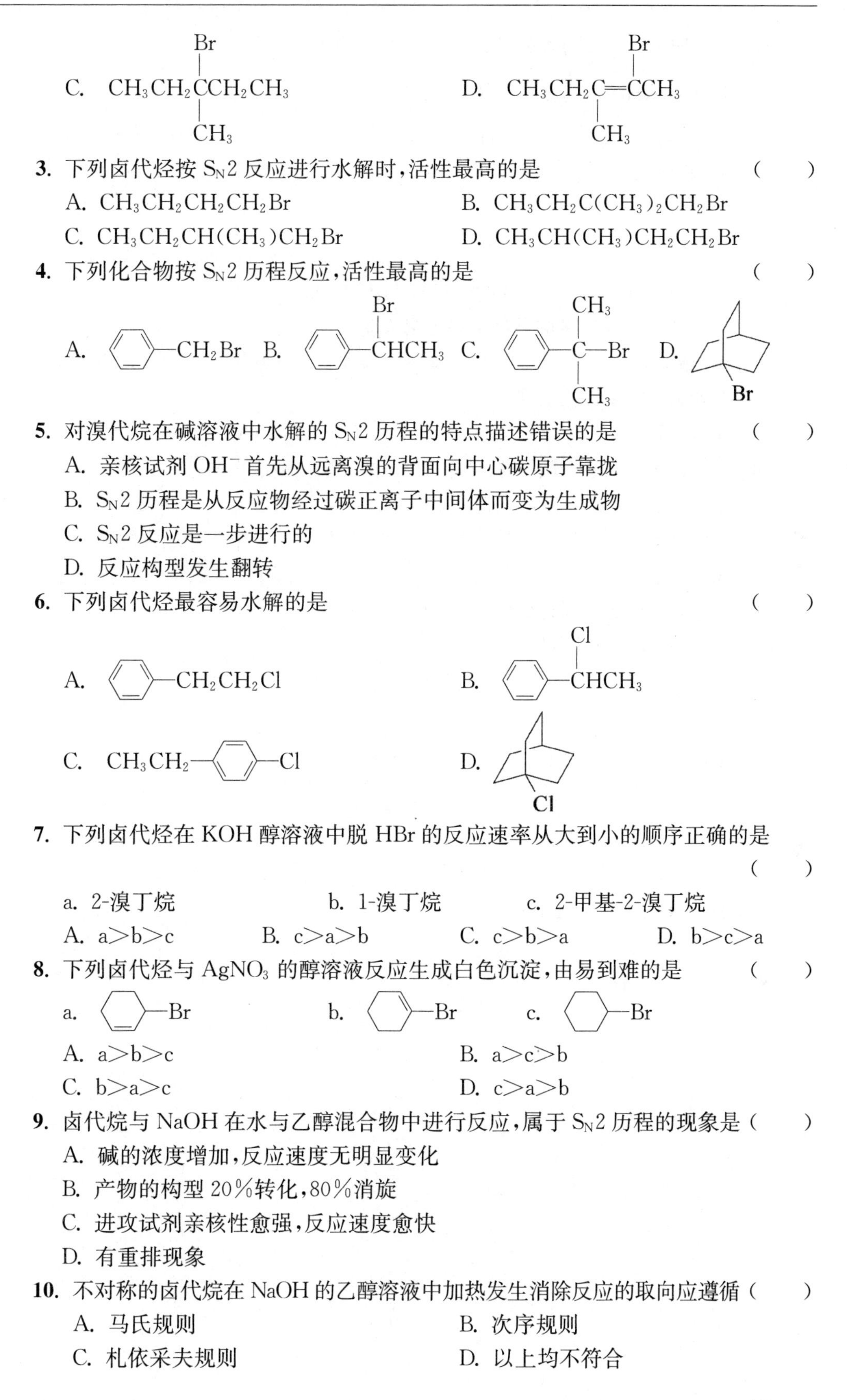

C. $CH_3CH_2C(Br)(CH_3)CH_2CH_3$　　　　D. $CH_3CH_2C(CH_3)=C(Br)CH_3$

3. 下列卤代烃按 S_N2 反应进行水解时，活性最高的是　（　　）

A. $CH_3CH_2CH_2CH_2Br$　　　　B. $CH_3CH_2C(CH_3)_2CH_2Br$

C. $CH_3CH_2CH(CH_3)CH_2Br$　　　　D. $CH_3CH(CH_3)CH_2CH_2Br$

4. 下列化合物按 S_N2 历程反应，活性最高的是　（　　）

A. C_6H_5—CH_2Br　B. C_6H_5—$CH(Br)CH_3$　C. C_6H_5—$C(CH_3)_2$—Br　D. 1-溴双环[2.2.2]辛烷（桥头 Br）

5. 对溴代烷在碱溶液中水解的 S_N2 历程的特点描述错误的是　（　　）

A. 亲核试剂 OH^- 首先从远离溴的背面向中心碳原子靠拢

B. S_N2 历程是从反应物经过碳正离子中间体而变为生成物

C. S_N2 反应是一步进行的

D. 反应构型发生翻转

6. 下列卤代烃最容易水解的是　（　　）

A. C_6H_5—CH_2CH_2Cl　　　　B. C_6H_5—$CH(Cl)CH_3$

C. CH_3CH_2—C_6H_4—Cl　　　　D. 1-氯双环[2.2.2]辛烷（桥头 Cl）

7. 下列卤代烃在 KOH 醇溶液中脱 HBr 的反应速率从大到小的顺序正确的是　（　　）

a. 2-溴丁烷　　b. 1-溴丁烷　　c. 2-甲基-2-溴丁烷

A. a＞b＞c　　B. c＞a＞b　　C. c＞b＞a　　D. b＞c＞a

8. 下列卤代烃与 $AgNO_3$ 的醇溶液反应生成白色沉淀，由易到难的是　（　　）

a. 3-溴环己烯（环己烯基—Br）　　b. 1-溴环己烯（环己烯基—Br）　　c. 环己基—Br

A. a＞b＞c　　　　B. a＞c＞b

C. b＞a＞c　　　　D. c＞a＞b

9. 卤代烷与 NaOH 在水与乙醇混合物中进行反应，属于 S_N2 历程的现象是（　　）

A. 碱的浓度增加，反应速度无明显变化

B. 产物的构型 20％转化，80％消旋

C. 进攻试剂亲核性愈强，反应速度愈快

D. 有重排现象

10. 不对称的卤代烷在 NaOH 的乙醇溶液中加热发生消除反应的取向应遵循（　　）

A. 马氏规则　　　　B. 次序规则

C. 札依采夫规则　　　　D. 以上均不符合

11. 下列四个反应按历程分类,哪个是亲核取代反应历程 ( )

A. $CH_3CH_2Cl \xrightarrow[乙醇]{NaCN} CH_3CH_2CN$

B. 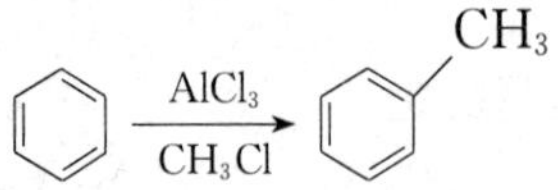 苯 $\xrightarrow[CH_3Cl]{AlCl_3}$ 甲苯（苯环上带 CH_3）

C. $HC \equiv CH + Br_2 \xrightarrow{CCl_4} CHBr_2CHBr_2$

D. $CH_3CH_2OH \xrightarrow{\triangle} H_2C=CH_2 + H_2O$

12. $(CH_3)_3CCl$ 在弱碱的条件下最容易发生的反应是 ( )

A. 亲核取代　B. 消除反应　C. 亲电取代　D. 亲核加成

13. 下列试剂的亲核性最强的是 ( )

A. $C_2H_5O^-$　B. $C_6H_5O^-$　C. CH_3COO^-　D. OH^-

14. 下列卤素负离子在质子性溶剂(如水)中的亲核性最强的是 ( )

A. 氟离子　B. 氯离子　C. 溴离子　D. 碘离子

15. 下列试剂的亲核性在非质子性溶剂(如二甲亚砜)中亲核性最强的是 ( )

A. 碘离子　B. 溴离子　C. 氯离子　D. 氟离子

二、用系统命名法命名下列化合物

1. $CH_3CH(Br)CH_2CH(CH_3)_2$

2. 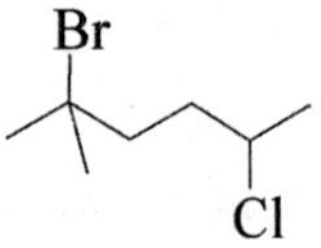 （键线式：Br 取代的叔碳上连两个甲基，经两个 CH_2 与带 Cl 的 CH 相连，末端为甲基）

3. $CH_2=CHCHClCH_2Ph$

4.  （椅式环己烷，取代基为 Br 和 Cl）

5. 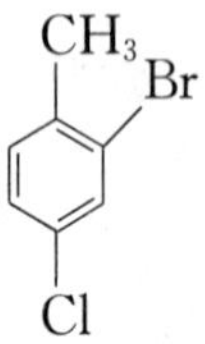 （苯环：CH_3，其邻位为 Br，CH_3 的对位为 Cl）

6. 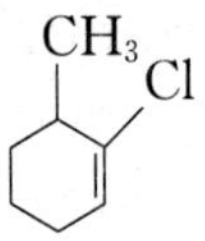 （环己烯：CH_3 位于饱和碳上，Cl 位于相邻的双键碳上）

7. 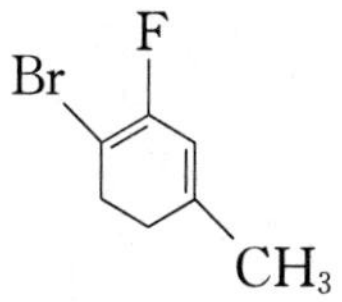 Br、F、CH_3（环状结构式）

8. 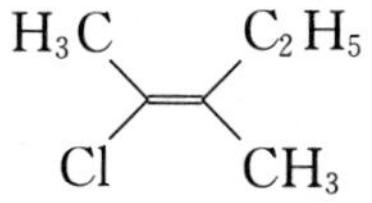 H_3C、C_2H_5、Cl、CH_3（烯烃结构式）　(Z/E)

9. 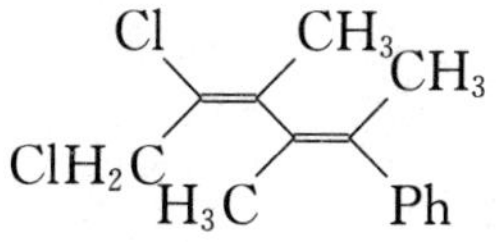 Cl、CH_3、CH_3、ClH_2C、H_3C、Ph（二烯结构式）　(Z/E)

10. 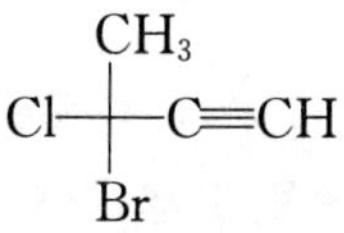 CH_3、Cl—C—C≡CH、Br（Fischer投影式）　(R/S)

三、写出下列反应的产物

1. 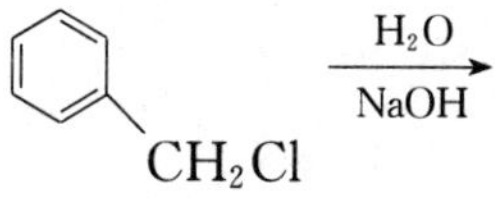 $C_6H_5CH_2Cl \xrightarrow[NaOH]{H_2O}$

2. 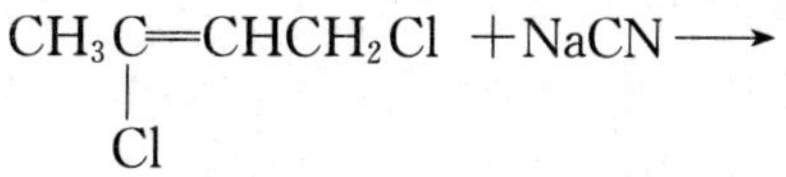 $CH_3C(Cl){=}CHCH_2Cl + NaCN \longrightarrow$

3. $(CH_3)_3CONa + CH_3CH_2Cl \longrightarrow$

4. 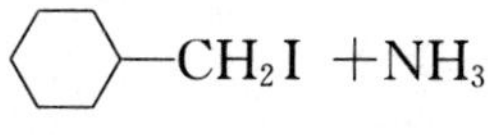 环己基—$CH_2I + NH_3$

5. $CH_3C{\equiv}CH \xrightarrow[2)\ CH_3CH_2CH_2Br]{1)\ NaNH_2}$

6. 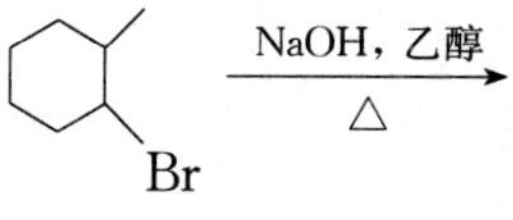 1-溴-2-甲基环己烷（结构式）$\xrightarrow[\triangle]{NaOH，乙醇}$

7. 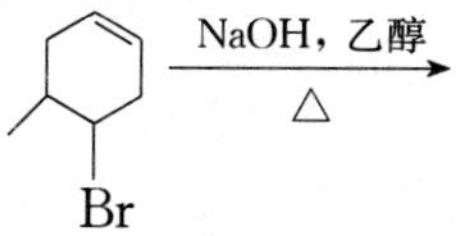 溴代甲基环己烯（结构式）$\xrightarrow[\triangle]{NaOH，乙醇}$

8. 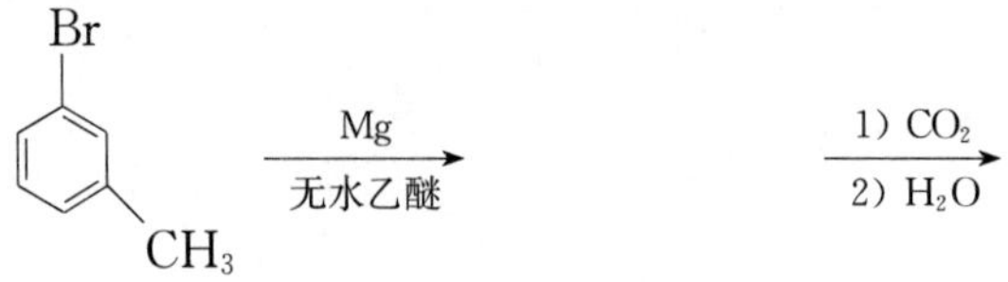 3-溴甲苯 $\xrightarrow[\text{无水乙醚}]{Mg}$ $\xrightarrow[2)\ H_2O]{1)\ CO_2}$

Br

CH_3

9.  4-异丙基硝基苯 $-NO_2$ $+Br_2 \xrightarrow{Fe}$

*10.

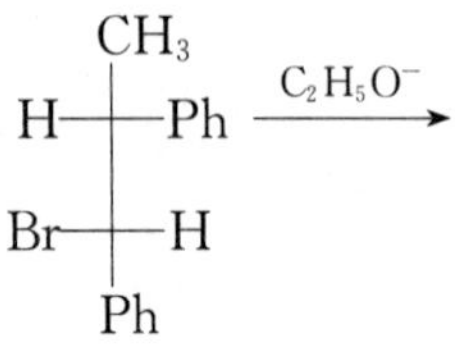

CH_3

H—|—Ph $\xrightarrow{C_2H_5O^-}$

Br—|—H

Ph

四、推断题

1. 某卤代烃 A($C_7H_{13}Br$),用 NaOH 乙醇溶液处理得 B(C_7H_{12}),B 与溴化氢反应生成 A 的同分异构体 C,B 用酸性 $KMnO_4$ 溶液处理得 6-庚酮-1-酸,试推出 A、B、C 的结构式。

2. 卤代烃 $C_5H_{11}Br$(A)与 KOH 乙醇溶液作用,生成分子式为 C_5H_{10} 的化合物(B),B 经酸性 $KMnO_4$ 氧化后可得到一个酮(C)和一个羧酸(D)。而 B 与 HBr 作用得到的产物是 A 的异构体 E。试写出 A、B、C、D 和 E 的构造式。

3. 某卤代烃 A($C_{10}H_{11}Br$)能使 Br_2/CCl_4 褪色,与酸性 $KMnO_4$ 溶液作用得到一个酮 B 和一个酸 C,C 的分子式为 $C_7H_5O_2Br$,C 进行硝化反应得到下列主产物:

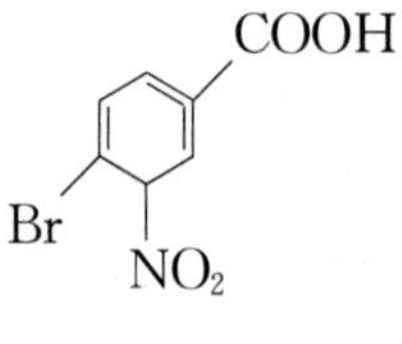

COOH

Br

NO_2

试推出 A、B、C 的结构式。

五、合成题

由指定的原料(其他有机或无机试剂可任选)合成以下化合物。

1. $CH_3CH_2CH{=}CH_2 \longrightarrow CH_3{-}CH_2{-}CH(CH_3){-}COOH$

2. 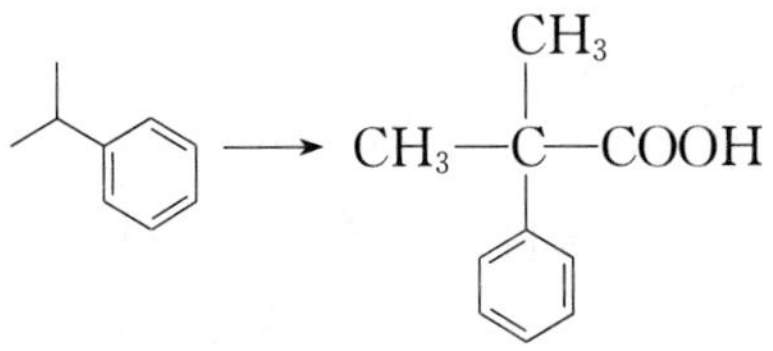 $\longrightarrow CH_3{-}C(CH_3){-}COOH$

参考答案

一、选择题

1. D　**2.** C　**3.** A　**4.** A　**5.** B　**6.** B　**7.** B　**8.** B　**9.** C　**10.** C　**11.** A　**12.** B　**13.** A　**14.** D　**15.** D

二、用系统命名法命名下列化合物

1. 2-甲基-4-溴-戊烷

2. 2-甲基-5-氯-2-溴己烷

3. 4-苯基-3-氯-1-丁烯

4. 顺-1-氯-3-溴环己烷

5. 4-氯-2-溴甲苯

6. 6-甲基-1-氯-1-环己烯

7. 4-甲基-2-氟-1-溴-1,3-环己二烯

8. (*E*)-3-甲基-2-氯-2-戊烯

9. (2*E*,4*E*)-3,4-二甲基-5-苯基-1,2-二氯-2,4-己二烯

10. *R*-3-氯-3-溴-1-丁炔

三、写出下列反应的产物

1. 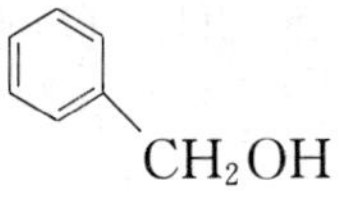 CH_2OH

2. $CH_3C(Cl){=}CHCH_2CN$

3. $(CH_3)_3CO{-}CH_2CH_3$

4. 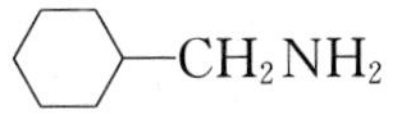 ${-}CH_2NH_2$

5. $CH_3C{\equiv}CCH_2CH_2CH_3$

6.

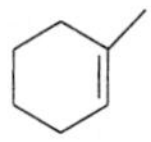

7.

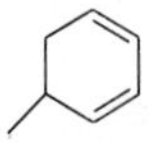

8. 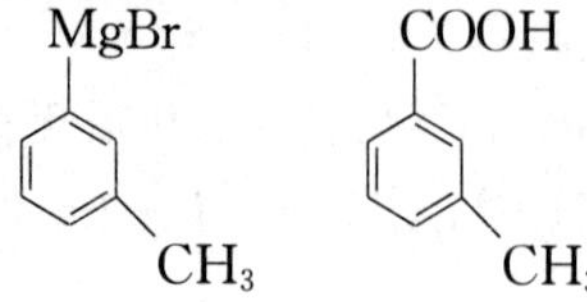 MgBr CH_3　COOH CH_3

9. 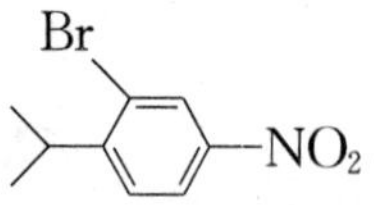 Br $-NO_2$

10. 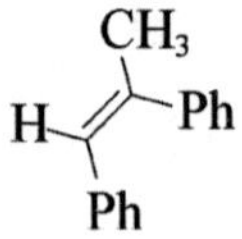 H　CH_3　Ph　Ph

四、推断题

1. A. 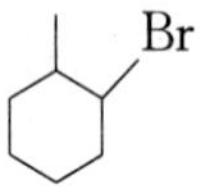 Br　B. 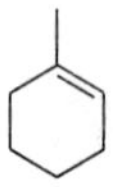　C. 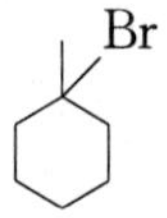 Br

2. A. $CH_3-CH(Br)-CH(CH_3)-CH_3$　B. $CH_3-CH{=}C(CH_3)-CH_3$

C. $CH_3-\overset{O}{\overset{\|}{C}}-CH_3$　D. CH_3COOH

E. $CH_3-CH_2-C(Br)(CH_3)-CH_3$

3. A. 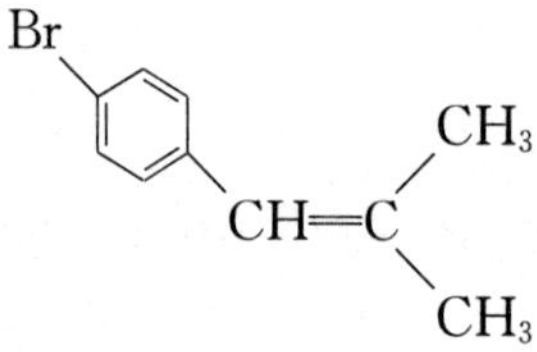 Br　$CH{=}C(CH_3)_2$　B. $CH_3-\overset{O}{\overset{\|}{C}}-CH_3$　C. 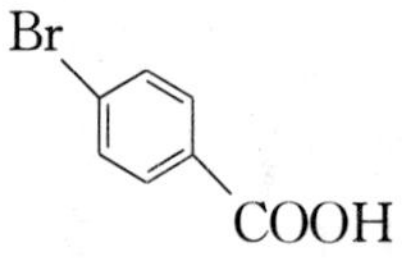 Br　COOH

五、合成题

1. $CH_3CH_2CH{=}CH_2 \xrightarrow{HBr} CH_3CH_2CH(Br)CH_3 \xrightarrow[\text{无水乙醚}]{Mg} CH_3CH_2CH(MgBr)CH_3$

$\xrightarrow[2)\ H_2O]{1)\ CO_2} CH_3-CH_2-CH(CH_3)-COOH$

2. 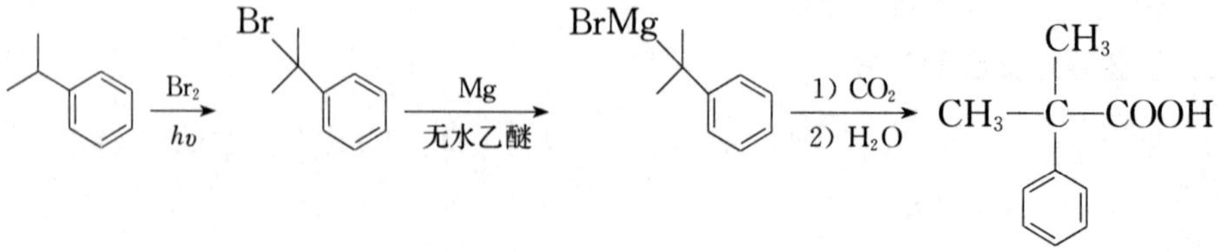 $\xrightarrow[h\nu]{Br_2}$ Br $\xrightarrow[\text{无水乙醚}]{Mg}$ BrMg $\xrightarrow[2)\ H_2O]{1)\ CO_2} CH_3-C(CH_3)(C_6H_5)-COOH$

（陈冬生）

第八章　醇、酚、醚

知识点总结

第一节　醇

一、醇的分类和命名

醇分子可以根据羟基所连的烃基不同分为脂肪醇、脂环醇和芳香醇。

根据羟基所连的碳原子的不同类型分为伯醇、仲醇和叔醇。

根据醇分子中所含的羟基数目的不同可分为一元醇和多元醇。

醇的系统命名法原则如下：

1. 选择连有羟基的碳原子在内的最长的碳链为主链，称为“某醇”。

2. 从靠近羟基的一端依次编号，使羟基所连的碳原子的位次尽可能小。

3. 不饱和醇命名时主链应连有羟基和含不饱和键，从靠近羟基的一端编号。

4. 命名芳香醇时，可将芳基作为取代基加以命名。

二、物理性质

1. 状态：低级醇是易挥发的液体，较高级的醇为黏稠的液体，高于 11 个碳原子的醇在室温下为蜡状固体。

2. 沸点：低相对分子质量的醇，其沸点比相对分子质量相近的烷烃高得多。这是因为醇分子间可形成氢键。

3. 水溶性：低级醇能与水混溶，随相对分子质量的增加溶解度降低。这是由于低级醇分子与水分子之间形成氢键，使得低级醇与水无限混溶。

4. 与水类似，低级醇可与氯化钙($CaCl_2$)、氯化镁($MgCl_2$)等形成结晶醇化合物，因此醇类不能用氯化钙等作干燥剂来除去水分。

三、化学性质

1. 与活泼金属反应

由于氢氧键极性较强，它具有一定的解离出 H^+ 的能力，所以醇羟基有一定的酸性。但醇的酸性没有水强，因为醇中羟基的周围连的是烷基，烷基是给电子的效应，会降低氢氧键的极性。当醇与金属钠作用时，比水与金属钠作用缓慢得多，产物是有机强碱醇钠。某些反应过程中残留的钠据此可用乙醇处理，以除去多余的金属钠。

2. 与无机酸的反应

(1) 与氢卤酸反应

醇与氢卤酸作用生成卤代烃和水，这是制备卤代烃的重要方法。反应如下：

$$ROH + HX \rightleftharpoons RX + H_2O$$

不同种类的氢卤酸活性顺序为 HI＞HBr＞HCl。

不同结构的醇活性顺序为烯丙醇＞叔醇＞仲醇＞伯醇。

无水氯化锌和浓盐酸配成的溶液称为卢卡斯试剂。不同结构的醇与卢卡斯试剂反应速度不同，这可用于区别伯、仲、叔醇(6 个碳以下)。卢卡斯试剂与叔醇反应速度最快，立即生成卤代烷，溶液浑浊、分层。仲醇反应较慢，需放置片刻才能浑浊、分层。伯醇在常温下不反应，需在加热下才能反应。

(2) 与含氧无机酸反应

醇与含氧无机酸如硝酸、硫酸、磷酸等作用，脱去水分子而生成无机酸酯。

3. 脱水反应

醇与浓硫酸混合在一起，随着反应温度的不同，有两种脱水方式。在高温下，可分子内脱水生成烯烃，在低温下也可分子间脱水生成醚。

三类醇中最容易脱水的是叔醇，仲醇次之，伯醇最难。对于叔醇，分子内脱水可有两种方向，但主要产物与卤代烷烃脱卤代氢一样服从札依采夫规则，生成双键碳原子上连有较多烃基的烯烃。

$$CH_3CH_2\underset{\displaystyle\underset{OH}{|}}{C}HCH_3 \xrightarrow[87\ ℃]{62\%\ H_2SO_4} CH_3CH{=}CHCH_3 + H_2O$$

4. 氧化反应

醇分子中由于羟基的影响，使得 α-H 较活泼，容易发生氧化反应。伯醇和仲醇由于有 α-H 存在容易被氧化，而叔醇没有 α-H，难氧化。常用的氧化剂为重铬酸钾和硫酸或高锰酸钾等。不同类型的醇得到不同的氧化产物。

伯醇首先被氧化成醛，醛继续被氧化生成羧酸。比如铬酸试剂可与乙醇发生反应，乙醇会被氧化成乙醛，乙醛接着被氧化成乙酸。同时铬由＋6 价(橙红色)还原为＋3 价(绿色)，此颜色变化可用于呼吸测试仪检测司机是否酒后驾驶。

$$CH_3CH_2OH + \underset{\text{红色}}{Cr_2O_7^{2-}} \xrightarrow[5\ s]{H_2SO_4} CH_3COOH + \underset{\text{绿色}}{Cr^{3+}}$$

如果想将氧化停留在醛这一步，可选用较温和的氧化剂，比如三氧化铬(CrO_3)和吡啶的混合物。

仲醇氧化成含相同碳原子数的酮，由于酮较稳定，不易被氧化。

四、醇的制备

1. 卤代烃水解

卤代烃在碱性溶液中水解可以得到醇。

2. 醛、酮的还原

醛或酮分子中的羰基可催化加氢还原成相应的醇。醛还原得伯醇，酮还原得仲醇。常用的催化剂为 Ni、Pt 和 Pd 等。

若使用某些金属氢化物作为还原剂，例如氢化锂铝、硼氢化钠等，它们只还原羰基，不还原碳碳双键，能制备不饱和醇。

3. 格氏试剂合成法

格氏试剂合成是实验室制备醇的一种经典方法。格氏试剂 RMgX 中带正电荷的$-MgX$加到羰基氧原子上，而带负电荷的$-R$加到羰基碳原子上，所得的加成产物经稀酸水解，可转变成相应的醇，可用来制备不同类型的伯、仲、叔醇。

$$(H)R'-\overset{O}{\overset{\|}{C}}-R''(H) + RMgX \longrightarrow R'R''RC-\overset{-}{O}\overset{+}{Mg}X \xrightarrow[H^+]{H_2O} (H)R'-\underset{R}{\overset{OH}{C}}-R''(H)$$

第二节　酚

一、酚的分类和命名

酚可根据分子中所含羟基数目不同分为一元酚和多元酚。

酚的命名是在“酚”字前面加上芳环名称，以此作为母体再冠以取代基的位次、数目和名称。

二、化学性质

1. 酸性

苯酚有弱酸性是由于羟基氧原子的孤对电子与苯环的π电子发生$p-\pi$共轭，致使电子离域，使氧原子周围的电子云密度下降，从而有利于氢原子以质子的形式离去。

酚的酸性比水强，酚可以和氢氧化钠反应，生成可溶于水的酚钠。但酚的酸性比碳酸弱，因此，酚不溶于碳酸氢钠溶液。若在酚钠溶液中通入二氧化碳，则苯酚又游离出来。可利用酚的这一性质进行分离提纯。

2. 与三氯化铁反应

含酚羟基的化合物大多数能与三氯化铁作用发生显色反应。故此反应常用来鉴别酚类。但具有烯醇式结构的化合物也会与三氯化铁发生显色反应。

3. 芳环上的亲电取代反应

(1) 卤代反应：酚极易发生卤代反应。苯酚只要用溴水处理，就立即生成不溶于水的2,4,6-三溴苯酚白色沉淀，反应非常灵敏。

(2) 硝化反应：苯酚在常温下用稀硝酸处理就可得到邻硝基苯酚和对硝基苯酚。可用水蒸气蒸馏法将其分离开。这是因为邻硝基苯酚通过分子内氢键形成环状化合物，不再与水缔合，也不易生成分子间氢键，故水溶性小、挥发性大，可随水蒸气蒸出。而对硝基苯酚可生成分子间氢键而相互缔合，挥发性小，不随水蒸气蒸出。

4. 氧化反应

酚类化合物很容易被氧化，不仅可用氧化剂如高锰酸钾等氧化，甚至较长时间与空气接触，也可被空气中的氧气氧化，使颜色加深，生成对苯醌。

第三节　醚

一、醚的分类和命名

与氧相连的两个烃基相同的醚称为简单醚，两个烃基不同的醚称为混合醚。

简单醚的命名是在烃基名称后面加“醚”字，混合醚命名时，两个烃基的名称都要写出来，较小的烃基名称放于较大烃基名称前面，芳香烃基放在脂肪烃基前面。对于较复杂的结构也可以以“烃氧基”的形式做取代基。具环状结构的醚称为环醚。例如：

$CH_3OCH_2CH_3$ 甲乙醚　C_6H_5—O—CH_3 苯甲醚 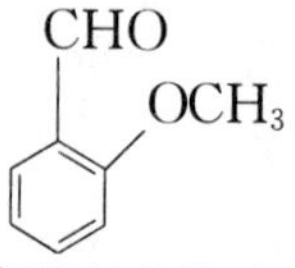　邻甲氧基苯甲醛（CHO、OCH_3 邻位取代的苯环）　环氧乙烷 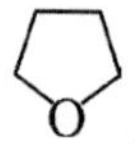　四氢呋喃(THF)

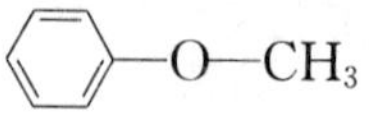

二、化学性质

由于醚分子中的氧原子与两个烃基结合，分子的极性很小。醚是一类很不活泼的化合物(环氧乙烷除外)。它对氧化剂、还原剂和碱都极稳定。如常温下与金属钠不反应，因此常用金属钠干燥醚。但是在一定条件下，醚可发生特有的反应。

1. 锌盐的生成

因醚键上的氧原子有未共用电子对，能接受强酸中的质子，以配位键的形式结合生成锌盐。可用于区分醚和烷烃或卤代烃。

2. 醚键的断裂

在较高的温度下，强酸能使醚键断裂，最有效的是氢碘酸，在常温下就可使醚键断裂，生成一分子醇和一分子碘代烃。若有过量的氢碘酸，则生成的醇进一步转变成碘代烃。

醚键的断裂有两种方式，通常是含碳原子数较少的烷基形成碘代物。若是芳香烃基烷基醚与氢碘酸作用，总是烷氧基断裂，生成酚和碘代烷。

$$CH_3OCH_2CH_2CH_3 + HI \xrightarrow{\triangle} CH_3I + CH_3CH_2CH_2OH$$

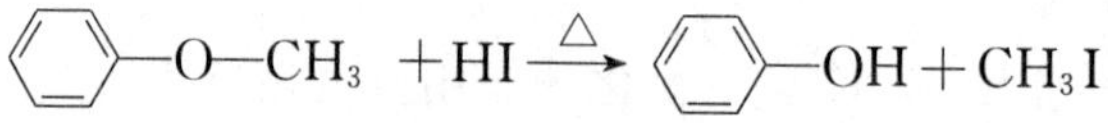

$$C_6H_5\text{—O—}CH_3 + HI \xrightarrow{\triangle} C_6H_5\text{—}OH + CH_3I$$

环氧乙烷是极为活泼的化合物，在酸或碱催化下可与许多含活泼氢的化合物或亲核试剂作用发生开环反应。环氧乙烷环上有取代基时，开环方向与反应条件有关，一般规律是：在酸催化下反应主要发生在含烃基较多的碳氧键间；在碱催化下反应主要发生在含烃基较少的碳氧键间。

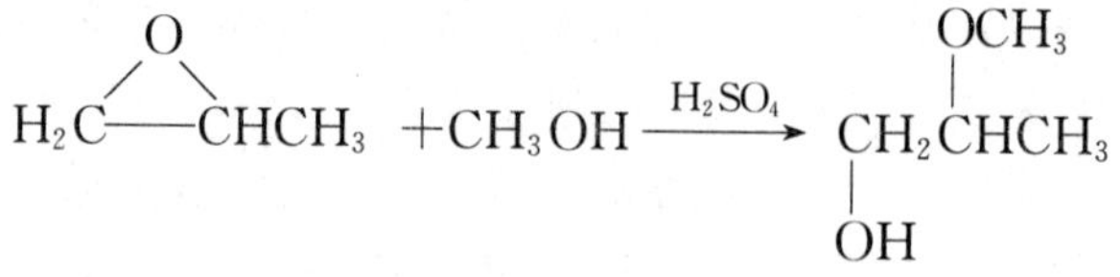

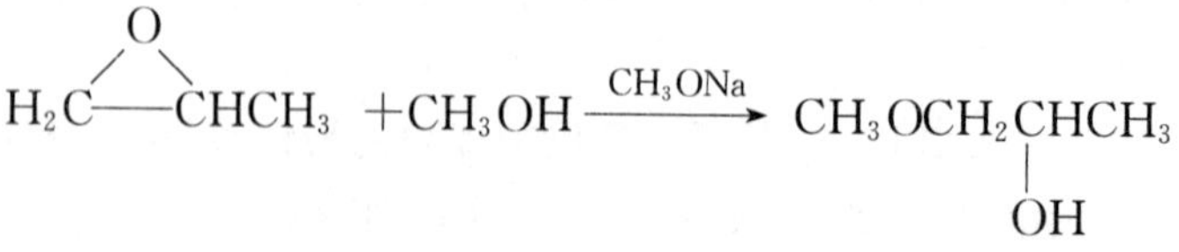

$$\underset{\text{(环氧)}}{H_2C\text{—}CHCH_3} + CH_3OH \xrightarrow{H_2SO_4} \underset{OH}{CH_2}\overset{OCH_3}{CHCH_3}$$

$$\underset{\text{(环氧)}}{H_2C\text{—}CHCH_3} + CH_3OH \xrightarrow{CH_3ONa} CH_3OCH_2\underset{OH}{CH}CH_3$$

复习题

一、选择题

1. 下列化合物按酸性从大到小排列的次序为 (　　)

① 乙酸　② 苯酚　③ 碳酸　④ 水　⑤ 醇

A. ③>①>④>②>⑤　　B. ③>①>②>④>⑤

C. ①>②>③>⑤>④　　D. ①>③>②>④>⑤

2. 下列化合物中不能与水混溶的是　（　　）

A. CH_3CH_2OH　　B. $C_2H_5OC_2H_5$

C. CH_3COOH　　D. THF(四氢呋喃)

3. 既存在对映异构又存在顺反异构的是　（　　）

A. 2,3-丁二醇　B. 2-丁烯　C. 2-羟基丙酸　D. 3-戊烯-2-醇

4. 下列酚中，pK_a 最小的是　（　　）

A. 对甲基苯酚（OH、CH_3 取代苯）　B. 对氯苯酚（OH、Cl 取代苯）　C. 对甲氧基苯酚（OH、OCH_3 取代苯）　D. 对硝基苯酚（OH、NO_2 取代苯）

5. 下列化合物与溴水反应，活性最高的是　（　　）

A. 苯甲酸　B. 苯酚　C. 乙苯　D. 硝基苯

6. (a) 正丁醇、(b) 2-丁醇、(c) 叔丁醇与 Lucas 试剂反应的速度正确的是　（　　）

A. (a)>(b)>(c)　　B. (c)>(b)>(a)

C. (a)>(c)>(b)　　D. (b)>(c)>(a)

7. 分子式为 $C_4H_{10}O$ 的所有异构体的数目为　（　　）

A. 5　B. 6　C. 7　D. 8

8. 下列化合物中不能使酸性高锰酸钾褪色的是　（　　）

A. 乙烯　B. 乙炔　C. 乙醇　D. 乙醚

9. 下列醇与金属钠反应最容易的是　（　　）

A. 2-丁醇　B. 环己醇　C. 异丙醇　D. 乙醇

10. 下列化合物发生消除反应最容易的是　（　　）

A. $(CH_3)_2C(OH)CH_2CH_3$　　B. $(CH_3)_2CHCH(OH)CH_3$

C. $(CH_3)_2CHCH_2CH_2OH$　　D. $CH_3CH_2CH_2CH_2CH_2OH$

11. 可以鉴别化合物苯、苯酚和苄醇的试剂是　（　　）

A. $FeCl_3$ 和金属钠　　B. $FeCl_3$ 和溴水

C. 银氨溶液和金属钠　　D. 银氨溶液和溴水

12. 下列试剂与 Lucas 试剂室温下立即反应并且溶液出现浑浊的是　（　　）

A. $(CH_3)_3COH$　　B. CH_3CH_2OH

C. $(CH_3)_2CHOH$　　D. CH_3OH

13. 下列哪种化合物能形成分子内氢键　（　　）

A. 对硝基苯酚　B. 邻甲苯酚　C. 邻硝基苯酚　D. 对苯二酚

14. 下列化合物遇到 $FeCl_3$ 不会显色的是　（　　）

A. 邻羟基苯甲酸（苯环上 —COOH、—OH 邻位）　　B. 2-羟基环己烷甲酸（环己烷上 —COOH、—OH 邻位）

C. 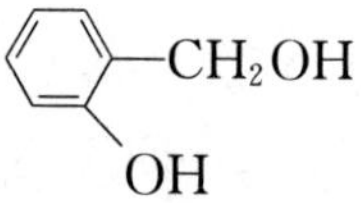 (邻羟基苯甲醇：苯环上 $-CH_2OH$ 与 OH 处于邻位)　　D. 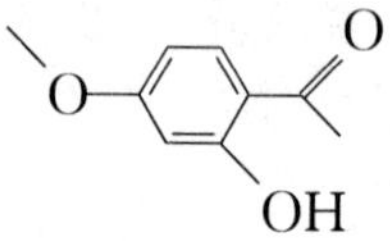 (苯环上连有 CH_3O-、OH 及乙酰基)

15. 在室温下，醚类化合物(R—O—R)能与下列哪种试剂反应，生成鎓盐　(　　)

A. NaOH　　B. 浓 H_2SO_4　　C. $KMnO_4$　　D. 稀 HCl

二、命名下列化合物

1. 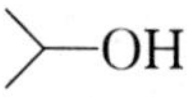 $(CH_3)_2CH-OH$

2. 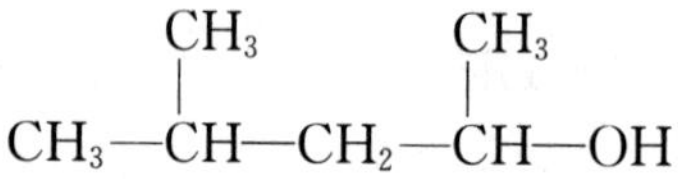 $CH_3-CH(CH_3)-CH_2-CH(CH_3)-OH$

3. (环己烯环上同一碳原子连有 OH 和 CH_3)

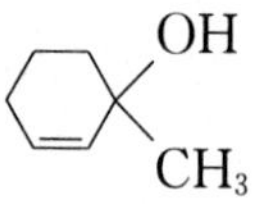

4. 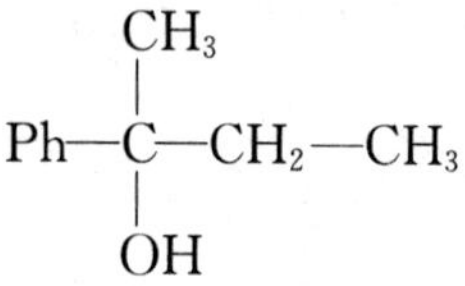 $Ph-C(CH_3)(OH)-CH_2-CH_3$

5. 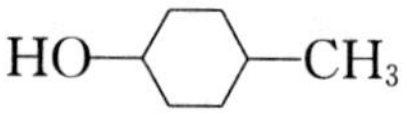 HO—(环己烷)—CH_3

6. 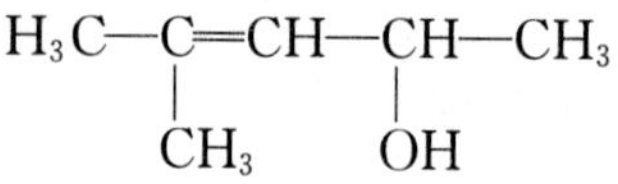 $H_3C-C(CH_3)=CH-CH(OH)-CH_3$

7. 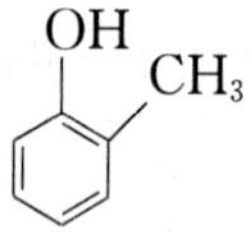 (苯环上 OH 与 CH_3 处于邻位)

8. 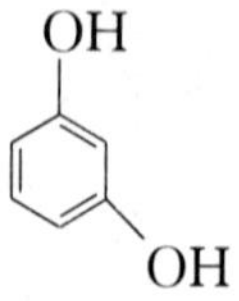 (苯环上两个 OH 处于间位)

9. 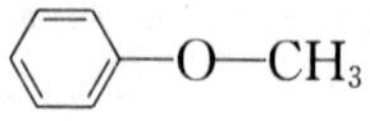 (苯环)—O—CH_3

10.  (五元环，环上含一个 O)

三、完成下列反应式

1. 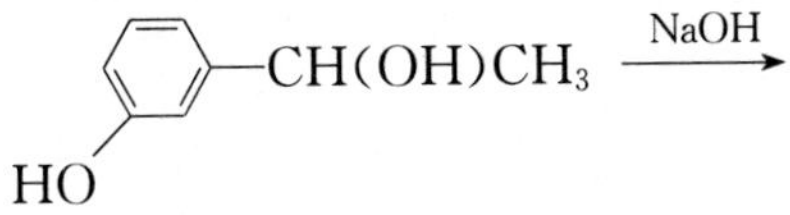 (间羟基苯基)$-CH(OH)CH_3 \xrightarrow{NaOH}$

2. $C_6H_5OH \xrightarrow{Br_2/H_2O}$

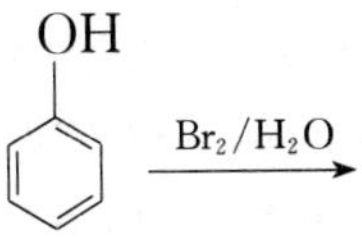

3. (3-甲基环己-2-烯-1-醇结构)$-OH \xrightarrow[\triangle]{H_2SO_4}$

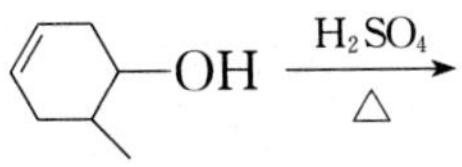

4. $Ph-\underset{C_2H_5}{\overset{CH_3}{C}}-CH_2OH \xrightarrow[\triangle]{H_2SO_4}$

5. $CH_2=CHCH_2OH \xrightarrow[吡啶]{CrO_3}$

6. 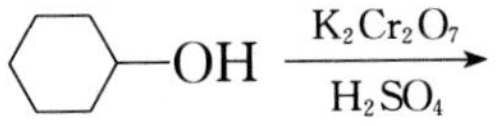 (环己基)$-OH \xrightarrow[H_2SO_4]{K_2Cr_2O_7}$

7. $C_6H_5-ONa + CH_3CH_2Cl \longrightarrow$

8. 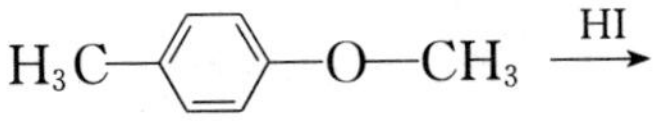 $H_3C-C_6H_4-O-CH_3 \xrightarrow{HI}$（对位）

9. 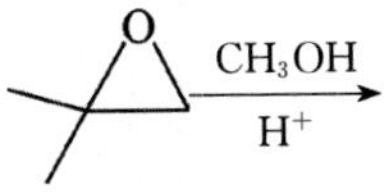 (2,2-二甲基环氧乙烷结构) $\xrightarrow[H^+]{CH_3OH}$

10. 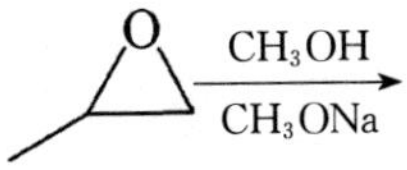 (2-甲基环氧乙烷结构) $\xrightarrow[CH_3ONa]{CH_3OH}$

四、合成题

1. 以苯和不超过 2 个碳的有机原料制备 2-苯基-2-丁醇。

2. 以苯和不超过 3 个碳的有机原料制备 —O—。

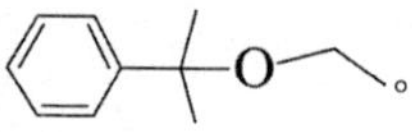

五、推断题

1. 化合物 A($C_6H_{10}O$)能与卢卡斯试剂反应，亦可被 $KMnO_4$ 氧化，并能吸收 1 mol Br_2，A 经催化加氢得 B，将 B 氧化得 C($C_6H_{10}O$)，将 B 在加热下与浓硫酸作用的产物还原可得到环己烷。试推测 A 可能的结构，写出各步骤的反应方程式。

2. 化合物 A 分子式为 $C_6H_{14}O$，能与 Na 作用，在酸催化下可脱水生成 B，以冷 $KMnO_4$ 溶液氧化 B 可得到 C，其分子式为 $C_6H_{14}O_2$，C 与 HIO_4 作用只得到丙酮。试推测 A、B、C 的构造式，并写出有关反应方程式。

六、写出下列反应可能的反应机理

1. 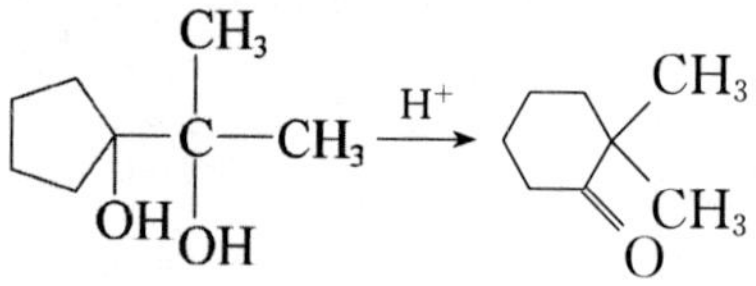 CH_3 C—CH_3 OH OH $\xrightarrow{H^+}$ CH_3 CH_3 O

2. 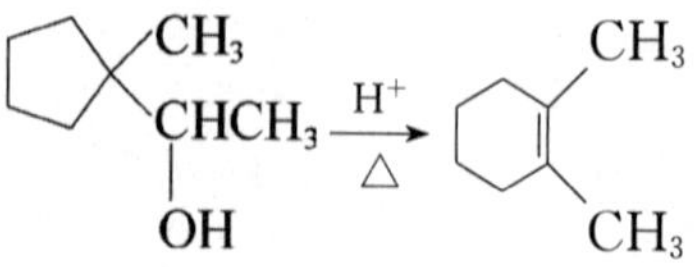 CH_3 $CHCH_3$ OH $\xrightarrow[\triangle]{H^+}$ CH_3 CH_3

参考答案

一、选择题

1. D　**2.** B　**3.** D　**4.** D　**5.** B　**6.** B　**7.** D　**8.** D　**9.** D　**10.** A　**11.** A　**12.** A　**13.** C　**14.** B　**15.** B

二、命名下列化合物

1. 异丙醇　　**2.** 4-甲基-2-戊醇

3. 1-甲基-2-环己烯醇　　**4.** 2-苯基-2-丁醇

5. 4-甲基-环己醇　　**6.** 4-甲基-3-戊烯-2-醇

7. 邻甲基苯酚　　**8.** 间苯二酚

9. 苯甲醚　　**10.** 四氢呋喃(THF)

三、完成下列反应式

1. 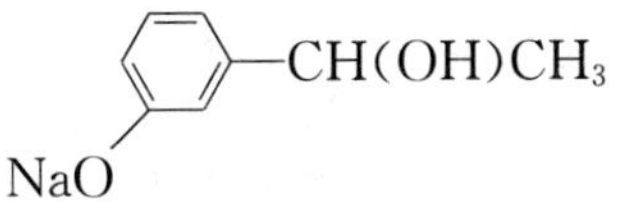 NaO—C_6H_4—CH(OH)CH_3

2. 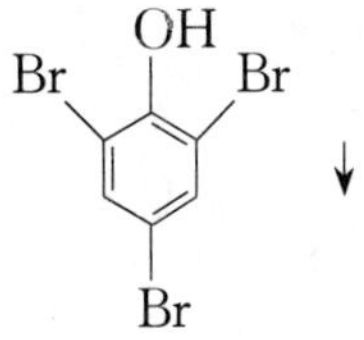 OH, Br, Br, Br ↓

3.

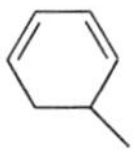

4. 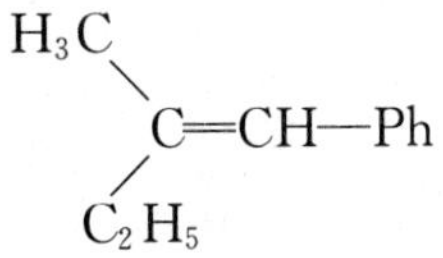 H_3C, C=CH—Ph, C_2H_5

5. CH_2 ═CHCHO　　**6.** 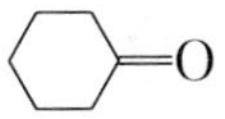 =O

7. 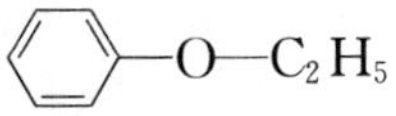 —O—C_2H_5　　**8.** 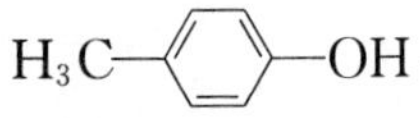 H_3C— —OH + CH_3I

9. 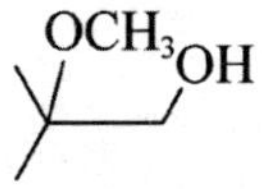 OCH_3 OH　　**10.** 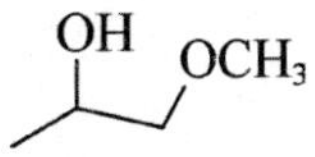 OH OCH_3

四、合成题

1. 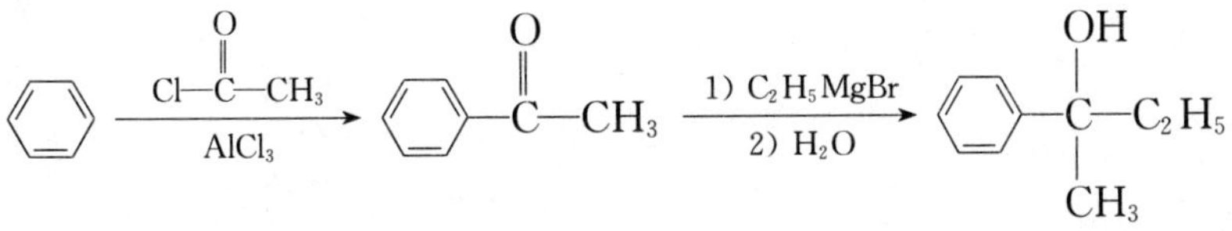 Cl—C(=O)—CH_3 / $AlCl_3$ → —C(=O)—CH_3 → 1) C_2H_5MgBr 2) 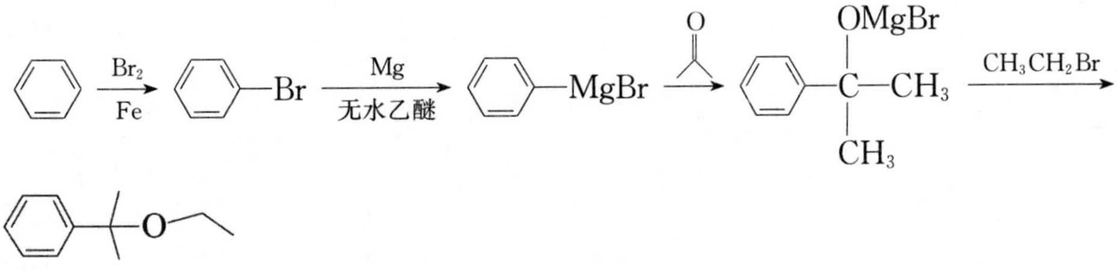 H_2O → —C(OH)(CH_3)—C_2H_5

2. Br_2 / Fe → —Br → Mg / 无水乙醚 → —MgBr → —C(OMgBr)(CH_3)—CH_3 → CH_3CH_2Br →

五、推断题

1. A. 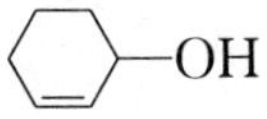 —OH　或　—OH　　B. 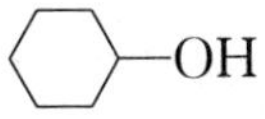 —OH　　C. 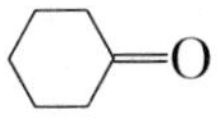 =O

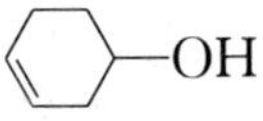

2. A. 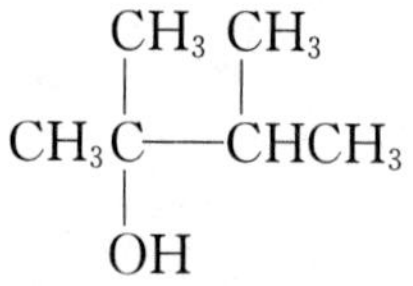

B. 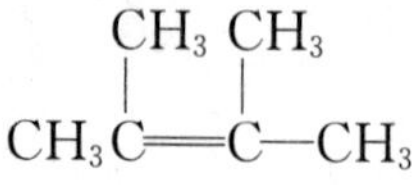

C. 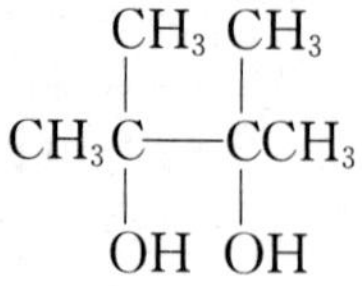

六、写出下列反应可能的反应机理

1.

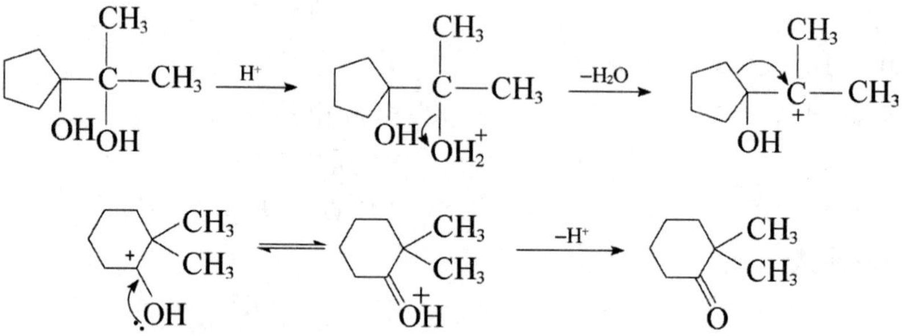

2.

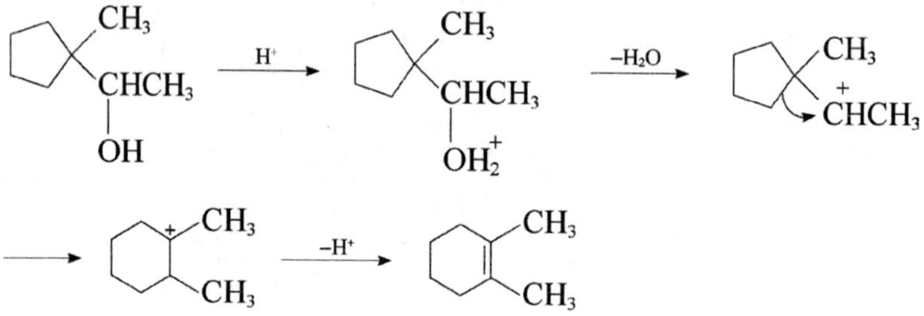

（陈冬生）

第九章　醛、酮

知识点总结

醛和酮的官能团都是羰基。醛的羰基与一个烃基和一个氢原子相连，醛基简写为—CHO。酮的羰基与两个烃基相连，酮分子中的羰基叫做酮基。

一、分类、结构和命名

分类：根据烃基的不同可以分为脂肪醛酮、芳香醛酮。根据羰基的个数可以分为一元醛酮、多元醛酮。

结构：醛、酮羰基中的碳原子为 sp^2 杂化，而氧原子未杂化。碳原子的三个 sp^2 杂化轨道相互对称地分布在一个平面上，其中之一与氧原子的 2p 轨道在键轴方向重叠构成碳氧 σ 键。碳原子未杂化的 2p 轨道垂直于碳原子三个 sp^2 杂化轨道所在的平面，与氧原子的另一个 2p 轨道平行重叠，形成 π 键，即碳氧双键也是由一个 σ 键和一个 π 键组成。由于氧原子的电负性比碳原子大，羰基中的 π 电子云就偏向于氧原子，羰基碳原子带上部分正电荷，而氧原子带上部分负电荷。

系统命名法：选择含有羰基的最长碳链作为主链，称为某醛或某酮。酮基的位置需用数字标明，例如：

$CH_3CH(CH_3)CHO$
2-甲基丙醛

$CH_3CH_2COCH(CH_3)CH_2CH_3$
4-甲基-3-己酮

$CH_3CH{=}CHCHO$
2-丁烯醛

$CH_3CH(CH_3)CH{=}CHCOCH_3$
5-甲基-3-己烯-2-酮

CHO
环己基甲醛

H_3C　O
3-甲基环己酮

二、物理性质

1. 状态：甲醛在室温下为气体，市售的福尔马林是40%的甲醛水溶液。除甲醛为气体外，12个碳原子以下的脂肪醛、酮均为液体。高级脂肪醛、酮和芳香酮多为固体。

2. 水溶性：低级的醛、酮易溶于水。这是由于醛、酮可与水分子形成分子间氢键之故。

三、化学性质

（一）亲核加成反应

羰基中氧原子的电负性比碳原子大，π 电子云偏向于电负性较大的氧原子，使得氧原子带上部分负电荷，碳原子带上部分正电荷。由于氧原子容纳负电荷的能力较碳原子容纳正电荷的能力大，故发生加成反应时，应是亲核试剂（可以是负离子或带有未共用电子对的中性分子）提供一对电子进攻带部分正电荷的羰基碳原子，生成氧负离子。即羰基上的加成反应决定反应速度的一步是由亲核试剂进攻引起的，故羰基的加成反应称为亲核加成反应。

1. 与氢氰酸加成

$$H^{+}—C\equiv N + R—\underset{\underset{O}{\|}}{C}—R' \longrightarrow R—\underset{\underset{O^{-}}{|}}{\overset{\overset{C\equiv N}{|}}{C}}—R' + H^{+} \longrightarrow R—\underset{\underset{OH}{|}}{\overset{\overset{C\equiv N}{|}}{C}}—R'$$

氰醇

条件：醛、脂肪族甲基酮及 8 个碳以下的环酮能与氢氰酸发生加成反应。

醛、酮与亲核试剂的加成反应是试剂中带负电部分首先向羰基带正电荷碳原子进攻，生成氧负离子，然后试剂中带正电荷部分加到氧负离子上去。在这两步反应中，第一步需共价键异裂，是反应慢的一步，是决定反应速率的一步。

不同结构的醛、酮进行亲核加成反应的难易程度不同，其由易到难的顺序为：

$$HCHO > RCHO > RCOCH_3 > RCOR$$

影响醛酮亲核加成反应速率的因素有两方面：其一是电性因素，烷基是供电子基，与羰基碳原子连接的烷基会使羰基碳原子的正电性下降，对亲核加成不利。其二是立体因素，当烷基与羰基相连，不但降低羰基碳的正电性，而且烷基的空间阻碍作用也不便于亲核试剂接近羰基，不利于亲核加成反应的进行。

2. 与亚硫酸氢钠加成

$$\rangle C=O + HO—\overset{\overset{O}{\|}}{\underset{\cdot\cdot}{S}}—ONa \rightleftharpoons \rangle\!\overset{OH}{\vert}\!—SO_3Na \downarrow (白色) \xrightarrow{H_3O^{+}} \rangle C=O$$

条件：醛、甲基酮以及环酮可与亚硫酸氢钠的饱和溶液发生加成反应，生成 α-羟基磺酸钠，它不溶于饱和的亚硫酸氢钠溶液中而析出结晶。

该反应为可逆反应，加成物 α-羟基磺酸钠遇酸或碱，又可恢复成原来的醛和酮，故可利用这一性质分离和提纯醛酮。

3. 与醇加成

在干燥氯化氢或浓硫酸作用下，一分子醛和一分子醇发生加成反应，生成半缩醛。半缩醛一般不稳定，它可继续与一分子醇反应，两者之间脱去一分子水而生成稳定的缩醛。

$$\overset{R}{\underset{H}{\rangle}}C=O + \begin{matrix}H—OR'\\H—OR'\end{matrix} \xrightarrow{HCl(g)} R—\overset{\overset{OR'}{/}}{\underset{\underset{OR'}{\backslash}}{CH}} + H_2O \xrightarrow{H^{+}} R—\overset{\overset{O}{\|}}{C}—H + 2R'OH$$

缩醛

在结构上，缩醛跟醚的结构相似，对碱和氧化剂是稳定的，对稀酸敏感可水解成原来的醛。在有机合成中可利用这一性质保护活泼的醛基。

4. 与格氏试剂加成

醛、酮与格氏试剂加成，加成产物不必分离，直接水解可制得相应的醇。

$$R-C(=O)-H(R') + R''MgX \longrightarrow R-C(OMgX)(R'')-H(R') \xrightarrow{H_3O^+} R-C(OH)(R'')-H(R')$$

5. 与氨的衍生物加成

氨的衍生物可以是伯胺、羟胺、肼、苯肼、2,4-二硝基苯肼以及氨基脲。醛、酮能与氨的衍生物发生加成作用，反应并不停留在加成一步，加成产物相继发生脱水形成含碳氮双键的化合物。

$$RR'C{=}O \xrightarrow{H_2N-R} RR'C{=}N-R \quad \text{Schiff base}$$

$$RR'C{=}O \xrightarrow{H_2N-OH} RR'C{=}N-OH \quad (\text{肟})$$

$$RR'C{=}O \xrightarrow{H_2N-NH_2} RR'C{=}N-NH_2 \quad (\text{腙})$$

$$RR'C{=}O \xrightarrow{H_2N-NHPh} RR'C{=}N-NHPh \quad (\text{苯腙})$$

上述的氨衍生物可用于检查羰基的存在，又叫羰基试剂。特别是2,4-二硝基苯肼几乎能与所有的醛、酮迅速反应，生成橙黄色或橙红色的结晶，常用来鉴别羰基。

（二）活泼α-氢的反应

醛酮α-碳原子上的氢原子受羰基的影响变得活泼。这是由于羰基的吸电子性使α-碳上的α-H键极性增强，氢原子有变成质子离去的倾向。或者说α-碳原子上的碳氢σ键与羰基中的π键形成σ-π共轭（超共轭效应），也加强了α-碳原子上的氢原子解离成质子的倾向。

1. 卤代和卤仿反应

在碱性催化下，首先发生卤代反应，生成α-三卤代物。三卤代物在碱性溶液中不稳定，立即分解成三卤甲烷和羧酸盐，这就是卤仿反应。

$$(R)H-\overset{O}{\overset{\|}{C}}-CH_3 + X_2 \xrightarrow{OH^-} (R)H-\overset{O}{\overset{\|}{C}}-CX_3 \xrightarrow[H_2O]{OH^-} (R)H-\overset{O}{\overset{\|}{C}}-O^- + CHX_3$$

常用的卤素是碘，反应产物为碘仿，上述反应就称为碘仿反应。碘仿是淡黄色结晶，容易识别，故碘仿反应常用来鉴别乙醛和甲基酮。次碘酸钠也是氧化剂，可把乙醇及具有$CH_3CH(OH)$—结构的仲醇分别氧化成相应的乙醛或甲基酮，故也可发生碘仿反应。

2. 羟醛缩合反应

$$\underset{\underset{H}{|}}{RCHCHO} + R'—CH_2\overset{\overset{O}{\|}}{C}H \xrightarrow{OH^-} R'CH_2\overset{\overset{OH}{|}}{C}H—\underset{\underset{R}{|}}{C}H—CHO \xrightarrow{\triangle} R'CH_2CH{=}\underset{\underset{R}{|}}{C}—CHO$$

在稀碱的催化下，一分子醛因失去α-氢原子而生成的碳负离子加到另一分子醛的羰基碳原子上，而氢原子则加到氧原子上，生成β-羟基醛，这一反应就是羟醛缩合反应。它是增长碳链的一种方法。若生成的β-羟基醛仍有α-H时，则受热或在酸作用下脱水生成α,β-不饱和醛。

$$C_6H_5—CHO + CH_3CHO \xrightarrow{OH^-} C_6H_5—\overset{\overset{OH}{|}}{C}H—CH_2CHO \xrightarrow{\triangle} C_6H_5—CH{=}CHCHO$$

当两种不同的含α-H的醛（或酮）在稀碱作用下发生醇醛（或酮）缩合反应时，由于交叉缩合的结果会得到4种不同的产物，分离困难，意义不大。若选用一种不含α-H的醛和一种含α-H的醛进行缩合，控制反应条件可得到单一产物。

（三）氧化反应与还原反应

1. 氧化反应

醛由于其羰基上连有氢原子，很容易被氧化，弱的氧化剂如托伦试剂和斐林试剂即可将醛氧化成羧酸，而酮却不被氧化。

$$RCHO + Ag(NH_3)_2OH \longrightarrow RCOO^- + Ag\downarrow$$

$$RCHO + Cu^{2+} \xrightarrow{OH^-} RCOO^- + Cu_2O\downarrow$$

托伦试剂与醛共热，醛被氧化成羧酸而弱氧化剂中的银被还原成金属银析出。若反应试管干净，银可以在试管壁上生成明亮的银镜，故又称银镜反应。

斐林试剂是由硫酸铜和酒石酸钾钠的氢氧化钠溶液配制而成的深蓝色二价铜络合物，与醛共热则被还原成砖红色的氧化亚铜沉淀。

利用托伦试剂可把醛与酮区别开来。但芳醛不与斐林试剂作用，因此，利用斐林试剂可把脂肪醛和芳香醛区别开来。

2. 还原反应

采用不同的还原剂，可将醛酮分子中的羰基还原成羟基，也可以脱氧还原成亚甲基。

（1）羰基还原成醇羟基

醛酮羰基在催化剂铂、镉、镍等存在下，可催化加氢，将羰基还原成羟基。若分子结构中有碳碳双键也同时被还原。

$$R—\overset{\overset{O}{\|}}{C}—R'(H) + H_2 \xrightarrow{Ni} R—\overset{\overset{OH}{|}}{C}H—R'(H)$$

用金属氢化物如硼氢化钠、氢化锂铝等只选择性地把羰基还原成羟基，而分子中的碳碳双键不被还原。

（2）羰基还原成亚甲基

① 醛、酮与锌汞齐及浓盐酸回流反应，羰基被还原成亚甲基，该反应称为克莱门森还原。

$$C_6H_5-\overset{O}{\overset{\|}{C}}-CH_3 \xrightarrow[HCl,\triangle]{Zn/Hg} C_6H_5-CH_2CH_3$$

② Wolff-Kishner-黄鸣龙还原法

醛、酮与肼反应生成的腙在 KOH 或 CH_3CH_2ONa 作用下，分解放出 N_2，同时羰基转变成亚甲基。Wolff-Kishner 还原法需在高温、高压下进行，我国化学家黄鸣龙对此法进行了改进，不仅使反应在常压下进行，而且避免了使用昂贵的无水肼。

$$\begin{matrix}R \\ \quad\diagdown \\ \quad C=O \\ \quad\diagup \\ (R')H\end{matrix} \xrightarrow[\text{二缩乙二醇醚},195\ ^\circ C]{NH_2NH_2, KOH} \begin{matrix}R \\ \quad\diagdown \\ \quad CH_2 \\ \quad\diagup \\ (R')H\end{matrix} + N_2$$

(3) 康尼查罗反应

没有 α-氢原子的醛在浓碱作用下发生醛分子之间的氧化还原反应，即一分子醛被还原成醇，另一分子醛被氧化成羧酸，这一反应称为康尼查罗反应，属歧化反应。

$$2HCHO \xrightarrow{\text{浓 } OH^-} HCOO^- + CH_3OH$$

复习题

一、选择题

1. 福尔马林的主要成分是　(　　)

A. 甲醇　B. 甲酸　C. 甲醛　D. 甲苯

2. 下列化合物不能与 HCN 发生亲核加成反应的是　(　　)

A. 乙醛　B. 苯甲醛　C. 3-戊酮　D. 环己酮

3. 下列化合物亲核加成反应活性顺序为　(　　)

① CH_3CH_2CHO　② CH_3COCH_3　③ C_6H_5CHO　④ $CH_3CHClCHO$

A. ③>①>④>②　B. ②>①>④>③

C. ④>①>②>③　D. ④>①>③>②

4. 下列醛酮中不能发生碘仿反应的是　(　　)

A. 乙醇　B. 丙醛　C. 乙醛　D. 苯乙酮

5. 下列化合物和苯肼发生反应，活性最低的是　(　　)

A. 对甲氧基苯甲醛　B. 对氯苯甲醛

C. 对甲基苯甲醛　D. 对硝基苯甲醛

6. 下列化合物可以发生醇醛缩合反应的是　(　　)

A. CH_3CH_2OH　B. HCHO　C. CH_3CHO　D. C_6H_5CHO

7. 下列化合物能与费林试剂发生反应的是　(　　)

A. 乙醛　B. 丙酮　C. 苯乙酮　D. 苯甲醛

8. 在浓 NaOH 溶液中能发生歧化反应的是　(　　)

A. 环己基甲醛　B. 乙醛　C. 丙酮　D. 苯甲醛

9. 区别 2-戊酮和 3-戊酮的方法是 ( )

A. 与酸性高锰酸钾反应　　B. 与苯肼反应

C. 加氢反应　　D. 碘仿反应

10. 下列化合物不可以被稀酸水解的是 ( )

A. 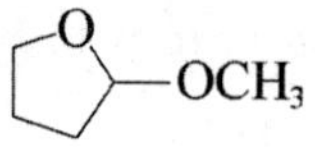 （四氢呋喃环）—OCH_3　　B. 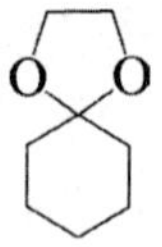 （环己酮乙二醇缩酮，O O）　　C. 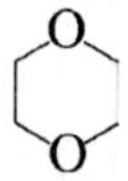 （1,4-二氧六环，O O）　　D. 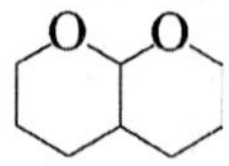 （双环缩醛，O O）

11. 能发生碘仿反应但不能与 HCN 发生亲核加成反应的是 ( )

A. 苯乙酮　　B. 3-戊酮　　C. 2-戊酮　　D. 环己酮

12. 苯乙酮与锌汞齐在浓盐酸中共热得到乙苯的反应叫做 ( )

A. Clemmensen 反应　　B. Wolff-Kishner-黄鸣龙反应

C. Friedel-Crafts 反应　　D. Wittig 反应

13. 下列试剂能用于鉴别甲醛和乙醛的是 ( )

A. 托伦试剂　　B. 斐林试剂

C. 班氏试剂　　D. $NaOH+I_2$ 溶液

14. 化合物（四氢呋喃环）—OH属于下列哪类化合物 ( )

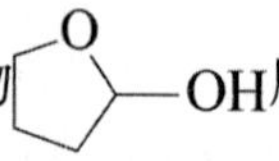

A. 半缩醛　　B. 缩醛　　C. 半缩酮　　D. 缩酮

15. 下列化合物不能和银氨溶液反应生成银镜的是 ( )

A. HCHO　　B. HCOOH

C. CH_3CHO　　D. CH_3COCH_3

二、命名下列化合物

1. 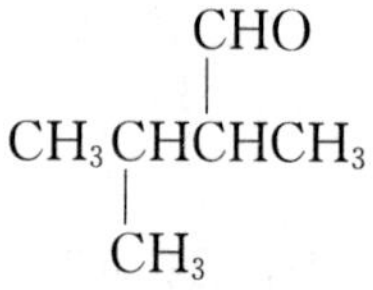 $CH_3CH(CH_3)CH(CHO)CH_3$

```
        CHO
        |
CH3CHCHCH3
    |
    CH3
```

2. $CH_3—C(CH_3)=CH—C(=O)—CH_3$

3. H_3C—（环己烷环）=O

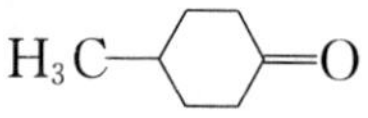

4. 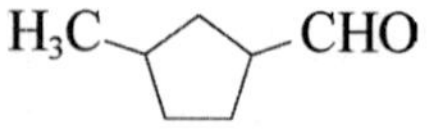 H_3C—（环戊烷环）—CHO

5. $CH_2=CH—CH_2CHO$

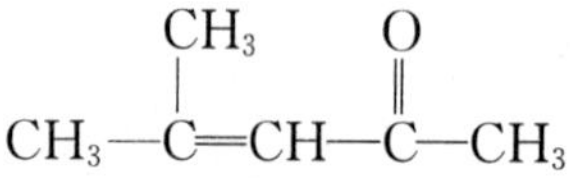

6. 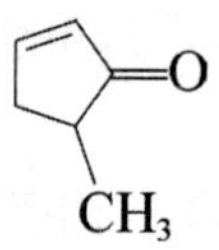 （环戊烯酮环）=O，—CH_3

7. 2-甲基环己-2-烯酮结构式：

$$\text{(环己烯酮，C=O 邻位连 } CH_3\text{)}$$

8.

$$CHO-C_6H_4-OCH_3 \ (\text{对位})$$

9.

$$C_6H_5-CH_2-\overset{O}{\overset{\|}{C}}-\underset{CH_3}{\underset{|}{CH}}-CH_3$$

10.

$$C_6H_5-\overset{O}{\overset{\|}{C}}-CH_3$$

三、完成下列反应方程式

1. $$(H_3C)_2C{=}O \xrightarrow{HCN}$$

2. $(CH_3)_2CHCHO+HOCH_2CH_2OH \xrightarrow{\text{干 HCl}}$

3. $\text{环己酮}{=}O\ +NH_2OH \longrightarrow$

4. $CH_3CHO+C_6H_5NHNH_2 \longrightarrow$

5. $2CH_3CH_2CHO \xrightarrow{\text{稀 NaOH}}$

6. $2\ \text{环己基}-CHO \xrightarrow{\text{稀 NaOH}}$

7. $CH_3\overset{O}{\overset{\|}{C}}CH_2CH_3 \xrightarrow{NaOH/I_2}$

8. $CH_3CH(OH)CH_3 \xrightarrow{NaOH/I_2}$

9. $\begin{matrix} CH_2CH_2CHO \\ | \\ CH_2CH_2CHO \end{matrix} \xrightarrow[\triangle]{稀\ NaOH}$

10. $C_6H_5-CH{=}CHCHO \xrightarrow[2)\ H_3O^+]{1)\ LiAlH_4}$

11. $C_6H_5-\overset{O}{\overset{\|}{C}}-CH_3 \xrightarrow[HCl]{Zn(Hg)}$

12. $C_6H_5-\overset{O}{\overset{\|}{C}}-CH_2-CH{=}CH-CHO \xrightarrow{[Ag(NH_3)_2]^+}$

* **13.** $C_6H_5-\overset{O}{\overset{\|}{C}}-CH_3 \xrightarrow{C_6H_5CO_3H}$

* **14.** $C_6H_5-CHO + HCHO \xrightarrow{OH^-}$

* **15.** 环己酮 (cyclohexanone, $C_6H_{10}{=}O$) $\xrightarrow{Ph_3P{=}CH_2}$

四、由指定的原料合成

1. 由不超过 2 个碳的有机物为原料合成 2-丁烯-1-醇。

2. $H_3C-C_6H_4-CHO \longrightarrow HOOC-C_6H_4-CHO$

3. 苯和不超过 2 个碳的有机物合成 2-苯基-2-丁醇。

五、推断题

1. 分子式为 $C_5H_{12}O$ 的 A，氧化后得到 B($C_5H_{10}O$)，B 能与苯肼作用，并能发生碘仿反应。A 与浓硫酸共热、脱水得到分子式为 C_5H_{10} 的 C，C 经高锰酸钾氧化得丙酮及乙酸。试推导 A、B、C 的结构。

2. 分子式为 $C_6H_{12}O$ 的 A，能与苯肼作用但不发生银镜反应。A 经催化加氢得到分子式为 $C_6H_{14}O$ 的 B，B 与浓硫酸共热、脱水得到分子式为 C_6H_{12} 的 C，C 经臭氧化并水解得 D 和 E。D 能发生银镜反应，但不发生碘仿反应，而 E 能发生碘仿反应，但不发生银镜反应，试推导 A、B、C、D、E 的结构。

参考答案

一、选择题

1. C　2. C　3. D　4. B　5. A　6. C　7. A　8. D　9. D　10. C　11. A　12. A　13. D　14. A　15. D

二、命名下列化合物

1. 2,3-二甲基丁醛
2. 4-甲基-3-戊烯-2-酮
3. 4-甲基环己酮
4. 3-甲基环戊基甲醛
5. 3-丁烯醛
6. 5-甲基-2-环戊烯酮
7. 6-甲基-2-环己烯酮
8. 对甲氧基苯甲醛
9. 3-甲基-1-苯基-2-丁酮
10. 苯乙酮

三、完成下列反应方程式

1. 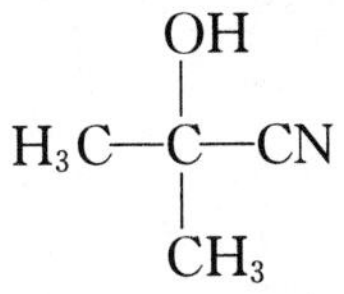 $H_3C-C(OH)(CH_3)-CN$

2. $(CH_3)_2CHCH$(1,3-二氧环，O、O)

3. 环己基=N—OH

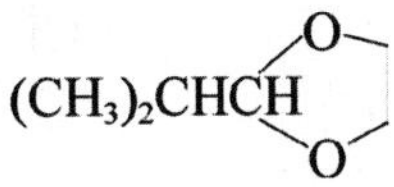

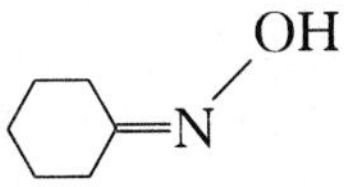

4. $CH_3CH{=}NNHPh$

5. $CH_3CH_2CH{=}C(CH_3)CHO$

6. OH —CH— CHO

7. $CHI_3 + CH_3CH_2COONa$

8. $CHI_3 + CH_3COONa$

9. —CHO

10. $CH{=}CHCH_2OH$

11.

12. $—\overset{O}{\overset{\|}{C}}—CH_2—CH{=}CH—COOH$

13. $—O—\overset{O}{\overset{\|}{C}}—CH_3$

14. $—CH_2OH + HCOOH$

15. $=CH_2$

四、由指定的原料合成

1. $2CH_3CHO \xrightarrow[\triangle]{OH^-} CH_3CH{=}CHCHO \xrightarrow[2)\ H_2O]{1)\ NaBH_4} CH_3CH{=}CHCH_2OH$

2. $H_3C—$ —CHO $\xrightarrow[干HCl]{HO\quad OH}$ $H_3C—$ (O, O) $\xrightarrow[H^+]{KMnO_4}$

HOOC— (O, O) $\xrightarrow{H_3O^+}$ HOOC— —CHO

3. $\xrightarrow[AlCl_3]{CH_3\overset{O}{\overset{\|}{C}}—Cl}$ $—\overset{O}{\overset{\|}{C}}—CH_3 \xrightarrow[2)\ H_2O]{1)\ CH_3CH_2MgBr}$ $—\overset{OH}{C}(CH_3)—CH_2CH_3$

五、推断题

1. A. $CH_3—CH(CH_3)—CH(OH)—CH_3$ B. $CH_3—CH(CH_3)—\overset{O}{\overset{\|}{C}}—CH_3$

C. $CH_3—C(CH_3){=}CH—CH_3$

2. A. $CH_3—CH_2—\overset{O}{\overset{\|}{C}}—CH(CH_3)—CH_3$ B. $CH_3—CH_2—CH(OH)—CH(CH_3)—CH_3$

C. $CH_3—CH_2—CH{=}C(CH_3)—CH_3$ D. CH_3CH_2CHO

E. $CH_3—\overset{O}{\overset{\|}{C}}—CH_3$

（刘家言）

第十章　羧酸和取代羧酸

知识点总结

第一节　羧酸

由烃基(或氢原子)与羧基相连所组成的化合物称为羧酸，其通式为 RCOOH，羧基(—COOH)是羧酸的官能团。羧基中的羰基和羟基形成 p-π 共轭体系，羟基氧原子上的电子向羰基转移，使氧氢键的极性增大，易断裂，同时使得碳氧键的极性减小，较难断裂。

一、物理性质

1. 沸点　羧酸的沸点比相对分子质量相近的醇还高。这是由于羧酸分子间可以形成两个氢键而缔合成较稳定的二聚体。

2. 水溶性　羧酸分子可与水形成氢键，所以低级羧酸能与水混溶，随着相对分子质量的增加，非极性的烃基愈来愈大，使羧酸的溶解度逐渐减小，6 个碳原子以上的羧酸则难溶于水而易溶于有机溶剂。

二、化学性质

1. 酸性

羧酸具有酸性，能与氢氧化钠反应生成羧酸盐和水。

羧酸的酸性比苯酚和碳酸的酸性强，因此羧酸能与碳酸钠、碳酸氢钠反应生成羧酸盐。

当羧酸的烃基上(特别是 α-碳原子上)连有电负性大的基团时，由于它们的吸电子诱导效应，使氢氧间电子云偏向氧原子，氢氧键的极性增强，促进解离，使酸性增大。基团的电负性愈大，取代基的数目愈多，距羧基的位置愈近，吸电子诱导效应愈强，则使羧酸的酸性更强。

取代基对芳香酸酸性的影响也有同样的规律。当羧基的对位连有硝基、卤素原子等吸电子基时，酸性增强；而对位连有甲基、甲氧基等斥电子基时，则酸性减弱。至于邻位取代基的影响，因受位阻影响比较复杂，间位取代基的影响不能在共轭体系内传递，影响较小。

	对硝基苯甲酸	对氯苯甲酸	对甲氧基苯甲酸	对甲基苯甲酸
pK_a	3.42	3.97	4.47	4.38

2. 羧基中的羟基被取代

羧酸分子中羧基上的羟基可以被卤素原子(—X)、酰氧基(—OOCR)、烷氧基(—OR)、氨基(—NH_2)取代，生成一系列的羧酸衍生物。

① 酰卤的生成　羧酸与三氯化磷、五氯化磷、氯化亚砜等作用，生成酰氯。

② 酸酐的生成　在脱水剂的作用下，两分子羧酸加热脱水，生成酸酐。

③ 酯化反应　羧酸与醇在酸的催化作用下生成酯的反应，称为酯化反应。酯化反应是可逆反应，为了提高酯的产率，可增加某种反应物的浓度，或及时蒸出反应生成的酯或水，使平衡向生成物方向移动。酯化反应是亲核加成-消除反应机理，故酸或醇的体积（空间因素）越小，酯化反应速率越快。

④ 酰胺的生成　在羧酸中通入氨气或加入碳酸铵，首先生成羧酸的铵盐，铵盐加热脱水生成酰胺。

3. 脱羧反应

羧酸分子脱去羧基放出二氧化碳的反应叫脱羧反应。一元羧酸的脱羧反应比较困难，但当一元羧酸的 α-碳上连有吸电子基时，脱羧较容易进行。

$$\text{Y—CH}_2\text{COOH} \xrightarrow{\triangle} \text{Y—CH}_3 + \text{CO}_2$$

$$\text{Y} = \text{—COR—COOH, —CN, —NO}_2 \text{ 等}$$

4. 二元羧酸的受热反应

二元羧酸随着两个羧基的距离不同，在加热时发生不同的反应。

两个羧基直接相连或间隔一个碳原子，受热发生脱酸反应，生成的产物是一元羧酸。

$$\text{HOOC—COOH} \xrightarrow{\triangle} \text{HCOOH} + \text{CO}_2\uparrow$$

$$\text{HOOC—H}_2\text{C—COOH} \xrightarrow{\triangle} \text{CH}_3\text{COOH} + \text{CO}_2\uparrow$$

两个羧基间隔两个或三个碳原子，受热发生脱水反应，生成的产物是环状酸酐。

$$\begin{matrix}\text{CH}_2\text{—COOH}\\|\\\text{CH}_2\text{—COOH}\end{matrix} \xrightarrow{\triangle} \text{（丁二酸酐，五元环状酸酐）} + \text{H}_2\text{O}$$

$$\begin{matrix}\text{CH}_2\text{—COOH}\\|\\\text{CH}_2\\|\\\text{CH}_2\text{—COOH}\end{matrix} \xrightarrow{\triangle} \text{（戊二酸酐，六元环状酸酐）} + \text{H}_2\text{O}$$

两个羧基间隔四个或五个碳原子，受热发生脱水脱羧反应，生成的产物是少一个碳的环酮。

$$\text{HOOC—H}_2\text{C—CH}_2\text{—CH}_2\text{—CH}_2\text{—COOH} \xrightarrow{\triangle} \text{（环戊酮）=O} + \text{H}_2\text{O} + \text{CO}_2\uparrow$$

$$\text{HOOC—H}_2\text{C—CH}_2\text{—CH}_2\text{—CH}_2\text{—CH}_2\text{—COOH} \xrightarrow{\triangle} \text{（环己酮）=O} + \text{H}_2\text{O} + \text{CO}_2\uparrow$$

三、羧酸的合成

（1）腈的水解：一般适用于伯卤代烃。

$$\text{RX} + \text{NaCN} \longrightarrow \text{RCN} \xrightarrow[\text{H}_2\text{O}]{\text{H}^+} \text{RCOOH}$$

（2）格氏试剂法：一般适用于叔卤代烃和芳香卤代烃。

$$(\text{CH}_3)_3\text{CBr} \xrightarrow[\text{EtOEt}]{\text{Mg}} (\text{CH}_3)_3\text{CMgBr} \xrightarrow[\text{(2) H}_2\text{O}]{\text{(1) CO}_2} (\text{CH}_3)_3\text{CCOOH}$$

第二节 取代羧酸

羧酸分子中烃基上的氢原子被其他原子或原子团取代后生成的化合物称为取代羧酸。常见的取代羧酸有羟基酸、羰基酸和氨基酸等。

一、羟基酸

羟基酸可以分为醇酸和酚酸两类。

(一) 醇酸的性质

醇酸既具有醇和羧酸的通性，又由于羟基和羧基的相互影响而具有一些特殊的性质。

1. 酸性

在醇酸分子中，由于羟基的吸电子诱导效应沿着碳链传递到羧基上而降低了羧基碳的电子云密度，使羧基中氧氢键的电子云偏向于氧原子，促进了氢原子解离成质子。由于诱导效应随传递距离的增长而减弱，因此醇酸的酸性随着羟基与羧基距离的增加而减弱。

2. 醇酸中羟基受羧基的影响，很容易被氧化。

3. 脱水反应：脱水产物因羟基与羧基的相对位置不同而有所区别。

(1) α-醇酸生成交酯

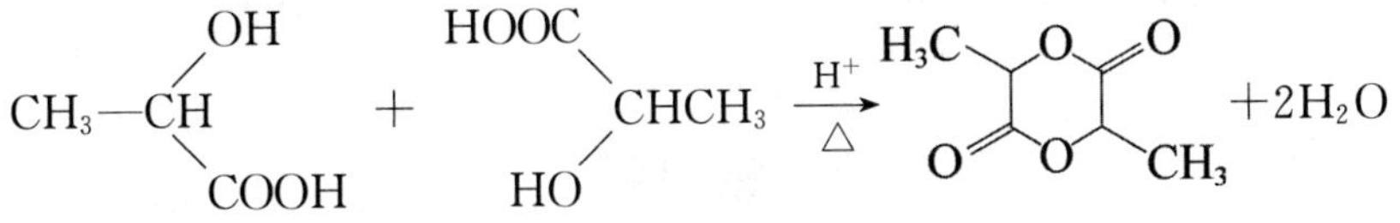

$$CH_3-CH(OH)COOH + HOOC(HO)CHCH_3 \xrightarrow[\triangle]{H^+} \text{(3,6-二甲基-1,4-二氧六环-2,5-二酮)} + 2H_2O$$

(2) β-醇酸生成 α,β-不饱和羧酸

$$CH_3-\underset{OH}{\underset{|}{C}}HCH_2COOH \xrightarrow[\triangle]{H^+} CH_3CH=CHCOOH + H_2O$$

(3) γ-和 δ-醇酸生成环状内酯

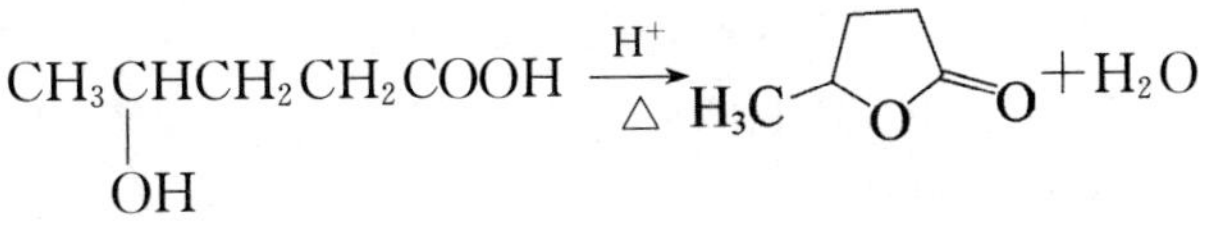

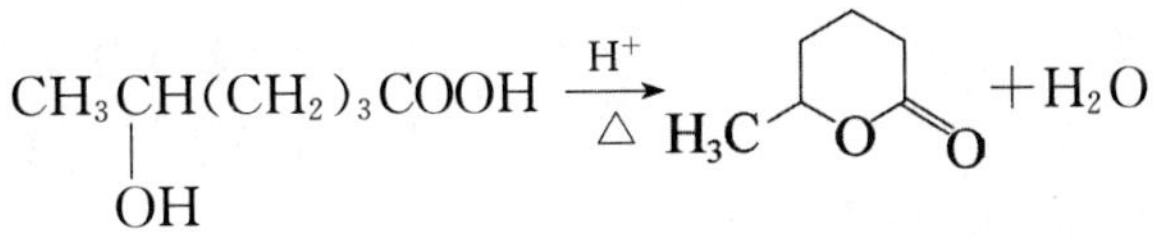

$$CH_3\underset{OH}{\underset{|}{C}}HCH_2CH_2COOH \xrightarrow[\triangle]{H^+} \text{(γ-戊内酯, } H_3C\text{-取代五元环内酯)} + H_2O$$

$$CH_3\underset{OH}{\underset{|}{C}}H(CH_2)_3COOH \xrightarrow[\triangle]{H^+} \text{(δ-己内酯, } H_3C\text{-取代六元环内酯)} + H_2O$$

(二) 酚酸的性质

羟基处于邻或对位的酚酸，当加热至熔点以上时，则脱去羧基生成相应的酚。

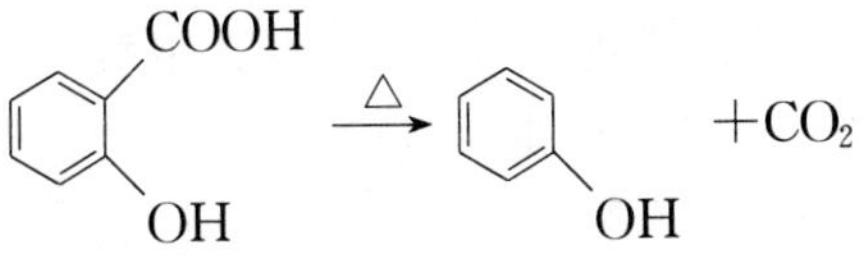

$$\text{邻羟基苯甲酸 (COOH, OH)} \xrightarrow{\triangle} \text{苯酚 (OH)} + CO_2$$

二、羰基酸

酮酸具有酮和羧酸的一般性质。由于两种官能团的相互影响，α-酮酸和 β-酮酸又有

一些特殊的性质。

1. α-酮酸的性质

在 α-酮酸分子中，羰基与羧基直接相连，由于羰基和羧基的氧原子都具有较强的吸电子能力，使羰基碳与羧基碳原子之间的电子云密度降低，所以碳碳键容易断裂，在一定条件下可发生脱羧和脱羰反应。

α-酮酸与稀硫酸或浓硫酸共热，分别发生脱羧和脱羰反应生成醛。

$$\mathrm{RCOCOOH} \xrightarrow{\text{稀 } H_2SO_4} \mathrm{RCHO} + \mathrm{CO_2}\uparrow$$

2. β-酮酸的性质

在 β-酮酸分子中，由于羰基和羧基的吸电子诱导效应的影响，使 α-位的亚甲基碳原子电子云密度降低。因此亚甲基与相邻两个碳原子间的键容易断裂，在不同的反应条件下，能发生酮式和酸式分解反应。

(1) 酮式分解

β-酮酸在高于室温的情况下即脱去羧基生成酮，称为酮式分解。

$$\mathrm{RCOCH_2COOH} \longrightarrow \mathrm{RCOCH_3} + \mathrm{CO_2}\uparrow$$

(2) 酸式分解

β-酮酸与浓碱共热时，α-和 β-碳原子间的键发生断裂，生成两分子羧酸盐，称为酸式分解。

$$\mathrm{RCOCH_2COOH} \xrightarrow{40\%\ \mathrm{NaOH}} \mathrm{RCOONa} + \mathrm{CH_3COONa}$$

复习题

一、选择题

1. 下列选项中，可区分 OH / COOH 和 OH 的试剂是 (　　)

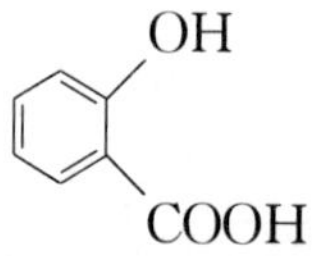

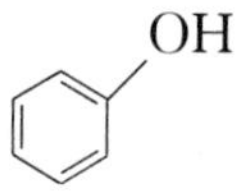

A. Na　　B. $NaHCO_3$　　C. Br_2　　D. $FeCl_3$

2. 下列羧酸，酸性最强的是 (　　)

A. 对甲氧基苯甲酸　　B. 对甲基苯甲酸

C. 对氯苯甲酸　　D. 对硝基苯甲酸

3. 下列羧酸，酸性最强的是 (　　)

A. α-氯丙酸　　B. 丙酸　　C. β-氯丙酸　　D. 丁酸

4. 下列化合物中既能与托伦试剂发生银镜反应，又能与碳酸氢钠反应的是 (　　)

A. 乙醇　　B. 乙醛　　C. 甲酸　　D. 乙二酸

5. 下列化合物不具有 p-π 效应的是 (　　)

A. 2-氯丙烯　　B. 苯酚　　C. 乙酸　　D. 乙醛

6. 下列哪个试剂能将 $CH_3CH{=}CHCHO$ 氧化成 $CH_3CH{=}CHCOOH$? (　　)

A. 托伦试剂　　B. 酸性 $K_2Cr_2O_7$

C. 酸性 $KMnO_4$ 溶液　　D. 臭氧

7. 下列物质中酸性最强的是　（　）

A. 丙酮　B. β-羟基丁酸　C. β-丁酮酸　D. 乳酸

8. 下列羧酸最容易与乙醇发生酯化反应的是　（　）

A. $(CH_3)_3CCOOH$　　B. CH_3CH_2COOH

C. $(CH_3)_2CHCOOH$　　D. CH_3COOH

9. 下列化合物加热脱水不会生成酯的是　（　）

A. α-羟基戊酸　B. β-羟基戊酸　C. γ-羟基戊酸　D. δ-羟基戊酸

10. 下列化合物中受热容易发生脱羧反应的是　（　）

A. CH_3COOH　B. 丁二酸　C. 戊二酸　D. 丙二酸

11. 下列制备羧酸的方法中，正确的是　（　）

A. $(CH_3)_3CCl \xrightarrow[H_2O]{NaCN} (CH_3)_3CCN \xrightarrow{H_3O^+} (CH_3)_3CCOOH$

B. 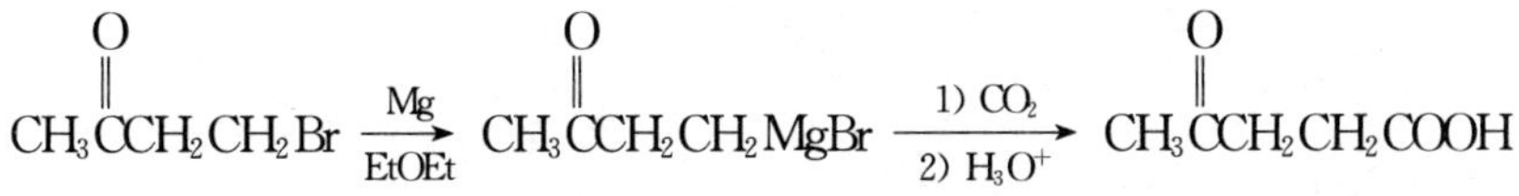 $CH_3COCH_2CH_2Br \xrightarrow[EtOEt]{Mg} CH_3COCH_2CH_2MgBr \xrightarrow[2)\ H_3O^+]{1)\ CO_2} CH_3COCH_2CH_2COOH$

C. 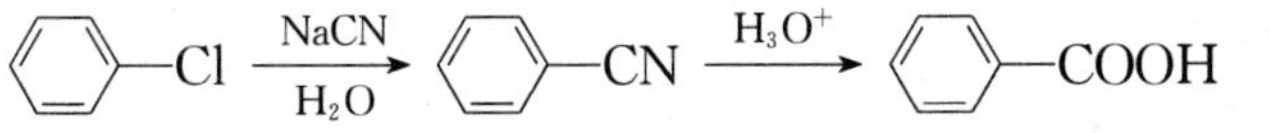 $C_6H_5-Cl \xrightarrow[H_2O]{NaCN} C_6H_5-CN \xrightarrow{H_3O^+} C_6H_5-COOH$

D. $HOCH_2CH_2CH_2Br \xrightarrow[H_2O]{NaCN} HOCH_2CH_2CH_2CN \xrightarrow{H_3O^+} HOCH_2CH_2CH_2COOH$

二、命名下列化合物

1. 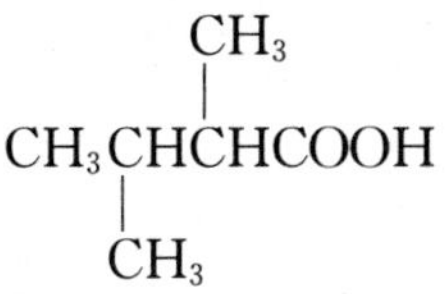 $CH_3CH(CH_3)CH(CH_3)COOH$

2. $H_3C-CO-CH_2COOH$

3. $C_6H_5-C(C_2H_5)(CH_3)-CH=CH-COOH$

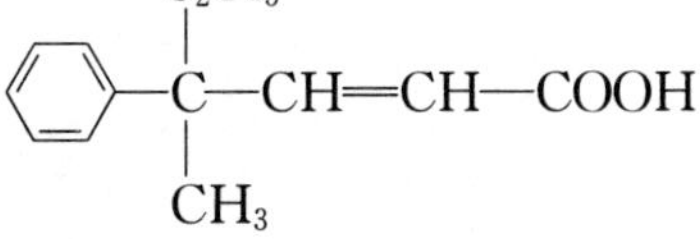

4. 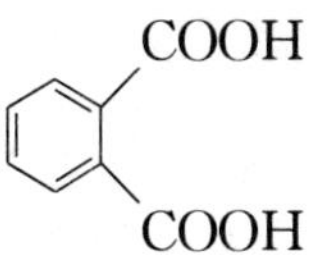 邻苯二甲酸结构：苯环邻位两个 COOH（$C_6H_4(COOH)_2$）

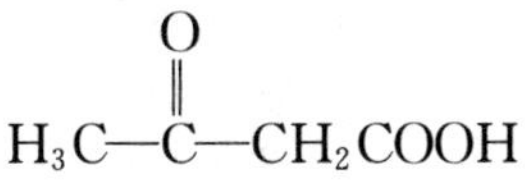

5. 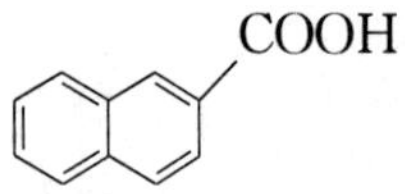 2-萘甲酸结构式（萘环 2-位连 COOH）

6. 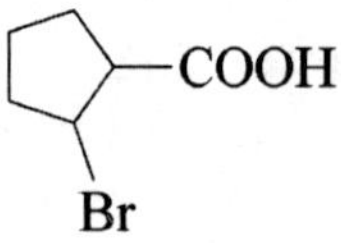 环戊烷结构式：COOH 与 Br 分别连在相邻碳上

7. $CH_3\underset{\underset{OH}{|}}{C}HCH_2COOH$

8. $HOOC—\underset{\underset{CH_3}{|}}{CH}—COOH$

9. 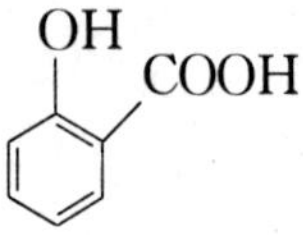 苯环结构式：相邻两个碳上分别连 OH 和 COOH

10. 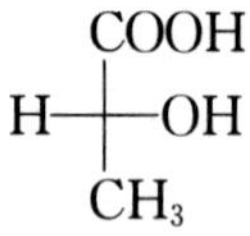 $\begin{array}{c} COOH \\ H—\!\!\!+\!\!\!—OH \\ CH_3 \end{array}$ （*R*/*S*）

三、完成下列反应方程式

1.  $HO—C_6H_4—COOH \xrightarrow{NaHCO_3}$（对位取代苯环）

2. $CH_3COOH+HOCH_2C_6H_5 \xrightarrow{H^+}$

3. 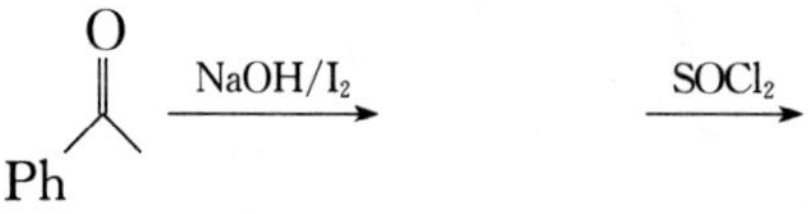 $PhCOCH_3 \xrightarrow{NaOH/I_2}$ $\xrightarrow{SOCl_2}$

4. 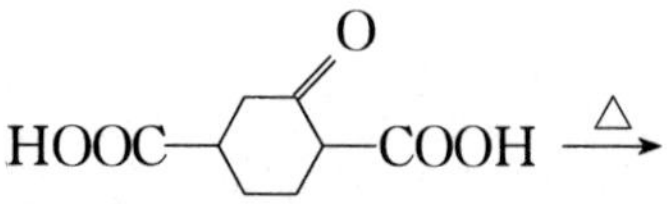 $HOOC—$环己酮环$—COOH \xrightarrow{\triangle}$（两个 COOH 连在环上，酮羰基在两者之间的碳上）

5. $CH_3\overset{\overset{O}{\|}}{C}CH_2COOH \xrightarrow{\triangle}$

6. (环己烯) $\xrightarrow{KMnO_4/H^+}$ 　　　　$\xrightarrow{\triangle}$

7. (1,1-环己烷二甲酸，两个 COOH) $\xrightarrow{\triangle}$

8. (四氢萘) $\xrightarrow{KMnO_4/H^+}$ 　　　　$\xrightarrow{\triangle}$

9. $HOCH_2CH_2CH_2COOH \xrightarrow[\triangle]{H^+}$

10. $2CH_3\underset{\underset{OH}{|}}{C}HCOOH \xrightarrow{\triangle}$

11. (邻羟基苯甲酸，COOH、OH) $\xrightarrow{\triangle}$

12. $\underset{\underset{NO_2}{|}}{C}H_2COOH \xrightarrow{\triangle}$

四、从指定原料合成指定化合物，其他试剂任选

1. $CH_3\overset{\overset{O}{\|}}{C}CH_3 \longrightarrow H_3C-\overset{\overset{CH_3}{|}}{\underset{\underset{CH_3}{|}}{C}}-COOH$

2. (环己酮，=O) $\longrightarrow$ (环戊酮，=O)

五、推断题

1. 化合物甲、乙、丙的分子式都是 $C_3H_6O_2$，甲与 $NaHCO_3$ 作用后放出 CO_2，乙和丙不能，但在 NaOH 溶液中加热后可水解，从乙的水解液蒸馏出的液体可以发生碘仿反应。试推测甲、乙、丙的结构。

2. 分子式为 $C_6H_{12}O$ 的化合物 A，氧化后得 B($C_6H_{10}O_4$)，B 能溶于碱，若与乙酐(脱水剂)一起蒸馏则得化合物 C，C 能与苯肼作用，用锌汞齐-浓盐酸处理得化合物 D，后者的分子式为 C_5H_{10}。请写出化合物 A、B、C、D 的结构式。

3. 某化合物 A(C_8H_{14})与酸性高锰酸钾反应得到化合物 B($C_8H_{14}O_2$)，B 与 I_2 + NaOH 反应后再酸化得到化合物 C($C_6H_{10}O_4$)和两分子碘仿。C 加热后放出气体，得到化合物 D(C_5H_8O)。D 与 2,4-二硝基苯肼作用得到黄色结晶。请写出化合物 A、B、C、D 的结构式。

六、写出下列反应的可能历程

$$CH_3\underset{}{\overset{OH}{\overset{|}{C}}}HCH_2CH_2COOH \underset{}{\overset{H^+}{\rightleftharpoons}} \text{(5-甲基四氢呋喃-2-酮：五元环内酯，环上 O 旁碳连 } CH_3\text{，羰基 C=O)}$$

参考答案

一、选择题

1. B　**2.** D　**3.** A　**4.** C　**5.** D　**6.** A　**7.** C　**8.** D　**9.** B　**10.** D　**11.** D

二、命名下列化合物

1. 2,3-二甲基丁酸　　**2.** β-丁酮酸

3. 4-甲基-4-苯基-2-己烯酸　　**4.** 邻苯二甲酸

5. β-萘甲酸　　**6.** 2-溴环戊基甲酸

7. β-羟基丁酸　　**8.** 2-甲基丙二酸

9. 2-羟基苯甲酸(水杨酸)　　**10.** R-2-羟基丙酸

三、完成下列反应方程式

1. $HO-C_6H_4-COONa$

2. $CH_3C(=O)-O-CH_2Ph$

3. $CHI_3 + PhCOOH$　　$C_6H_5-C(=O)-Cl$

4. $HOOC-C_6H_9O$

5. $CH_3C(=O)CH_3$

6. $HOOC(CH_2)_4COOH$　　$C_5H_8=O$

7. $C_6H_{11}-COOH$

8. $C_6H_4(COOH)_2$　　$C_6H_4(CO)_2O$

9. $C_4H_6O_2$

10. H₃C, O, O, CH₃ — $C_6H_8O_4$

11. C_6H_5-OH

12. CH_3NO_2

四、从指定原料合成指定化合物,其他试剂任选

1. $CH_3COCH_3 \xrightarrow[2)\ H_2O]{1)\ CH_3MgI} (CH_3)_3COH \xrightarrow{PBr_3} (CH_3)_3CBr \xrightarrow{Mg/Et_2O} \xrightarrow[2)\ H_3O^+]{1)\ CO_2} H_3C-C(CH_3)_2-COOH$

2. $C_6H_{10}O \xrightarrow{NaBH_4} C_6H_{11}OH \xrightarrow{浓\ H_2SO_4} C_6H_{10} \xrightarrow[H_3O^+]{KMnO_4} HOOC(CH_2)_4COOH \xrightarrow{加热} C_5H_8O$

五、推断题

1. 甲　CH_3CH_2COOH　　　乙　$H—\overset{\overset{\large O}{\|}}{C}—OCH_2CH_3$

丙　$CH_3—\overset{\overset{\large O}{\|}}{C}—OCH_3$

2. A. OH（环己醇）　　B. $HOOC(CH_2)_4COOH$

C. （环戊酮）=O　　D. （环戊烷）

3. A. （1,2-二甲基环己烯）　B. （2,7-辛二酮）O、O　C. COOH / COOH　D. （环戊酮）=O

六、写出下列反应的可能历程

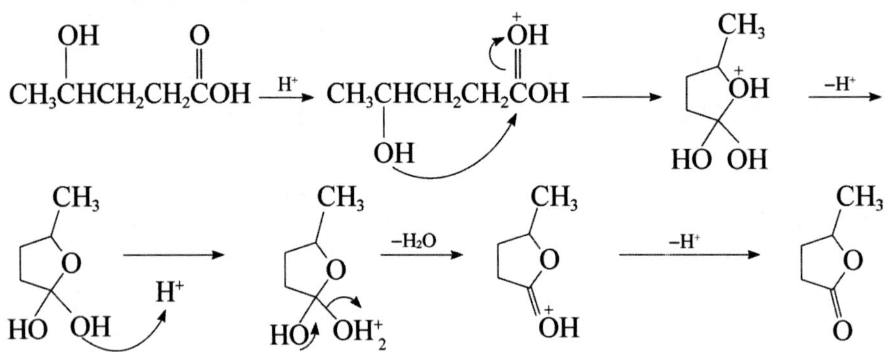

（张　明）

第十一章　羧酸衍生物

知识点总结

一、分类和命名

重要的羧酸衍生物有酰卤、酸酐、酯和酰胺。

1. 酰卤和酰胺

酰基：羧酸分子从形式上去掉一个羟基以后所剩余的部分。某酸所形成的酰基叫某酰基。例如：

$$\underset{\text{乙酸}}{CH_3-\overset{\overset{O}{\|}}{C}-OH} \longrightarrow \underset{\text{乙酰基}}{CH_3-\overset{\overset{O}{\|}}{C}-} \qquad \underset{\text{苯甲酸}}{C_6H_5-\overset{\overset{O}{\|}}{C}-OH} \longrightarrow \underset{\text{苯甲酰基}}{C_6H_5-\overset{\overset{O}{\|}}{C}-}$$

酰卤和酰胺的命名由酰基名称加卤素原子或胺。取代酰胺的命名，为了区别氮上的烃基和酰基上的烃基，在酰胺名称前加词头“N”，以表示该烃基连在氨基氮原子上。

$$\underset{\text{乙酰氯}}{CH_3-\overset{\overset{O}{\|}}{C}-Cl} \qquad \underset{\text{乙酰胺}}{CH_3-\overset{\overset{O}{\|}}{C}-NH_2} \qquad \underset{N\text{-甲基乙酰胺}}{CH_3-\overset{\overset{O}{\|}}{C}-NH-CH_3} \qquad \underset{N\text{-甲基-}N\text{-乙基苯甲酰胺}}{C_6H_5-\overset{\overset{O}{\|}}{C}-\underset{\underset{CH_3}{|}}{N}-CH_2CH_3}$$

2. 酸酐：某酸所形成的酸酐叫“某酸酐”。如：

$$\underset{\text{乙酐（醋酐）}}{CH_3\overset{\overset{O}{\|}}{C}-O-\overset{\overset{O}{\|}}{C}CH_3}$$

邻苯二甲酸酐

3. 酯：酯的命名为“某酸某(醇)酯”。如：

$$\underset{\text{丙酸甲酯}}{CH_3CH_2COOCH_3} \qquad \underset{\text{4-甲基-3-戊烯酸乙酯}}{(CH_3)_2C{=}CHCH_2COOCH_2CH_3}$$

$$\underset{\text{苯甲酸甲酯}}{C_6H_5-\overset{\overset{O}{\|}}{C}OCH_3} \qquad \underset{\text{乙二酸乙酯}}{HOOC-COOCH_2CH_3}$$

内酯的命名：将相应的“酸”变为“内酯”，用希腊字母 γ、δ 或数字标明原羟基的位置。

4-甲基-δ-戊内酯　　　δ-己内酯

二、化学性质

羧酸衍生物中带有部分正电荷的羰基碳容易受到亲核试剂的进攻，发生亲核取代反应。反应通式为：

$$R-\overset{\overset{\large O}{\|}}{C}-L + HNu \longrightarrow R-\overset{\overset{\large O}{\|}}{C}-Nu + HL$$

这种亲核取代实质上是按先亲核加成后消除的反应历程进行。

$$R-\overset{\overset{\large O}{\|}}{C}-L + Nu^- \xrightarrow{\text{亲核加成}} R-\underset{\underset{\large Nu}{|}}{\overset{\overset{\large O^-}{|}}{C}}-L \xrightarrow{\text{消去}} R-\overset{\overset{\large O}{\|}}{C}-Nu + L^-$$

羧酸衍生物发生亲核取代反应的活性顺序是酰卤 > 酸酐 > 酯 > 酰胺。一般来说，高活性的羧酸衍生物易转化为低活性的羧酸衍生物。酰卤很容易转化为酸酐、酯和酰胺，酸酐很容易转化为酯和酰胺，酯能转化为酰胺，而酰胺仅能被水解成羧酸。

分子中引入酰基的反应称为酰化反应。能提供酰基的化合物称为酰化试剂。常用的酰化试剂有酰卤和酸酐。

1. 水解反应

四种羧酸衍生物化学性质相似，主要表现在它们都能水解生成相应的羧酸。

$$\left.\begin{matrix} RCOCl \\ RCOOOCR_1 \\ RCOOR_1 \\ RCONH_2 \end{matrix}\right. + H_2O \longrightarrow RCOOH + \left.\begin{matrix} HCl \\ R_1COOH \\ R_1OH \\ NH_3 \end{matrix}\right.$$

乙酰氯与水发生剧烈的放热反应，乙酐易与热水反应，酯的水解在没有催化剂存在时进行得很慢，而酰胺的水解常常要在酸或碱的催化下经长时间的回流才能完成。

2. 醇解反应

酰氯、酸酐和酯都能与醇作用生成酯。

$$\left.\begin{matrix} RCOCl \\ RCOOOR_1 \\ RCOOR_1 \end{matrix}\right. + HOR_2 \longrightarrow RCOOR_2 + \left.\begin{matrix} HCl \\ R_1COOH \\ R_1OH \end{matrix}\right.$$

酰卤与醇、酚很快反应，用于制备常法难以合成的酯。酸酐可与绝大多数醇或酚反应，生成酯和羧酸。酯的醇解也叫酯交换反应，由低级醇制备高级醇。

3. 氨解反应

$$\left.\begin{matrix} RCOCl \\ RCOOOR_1 \\ RCOOR_1 \end{matrix}\right. + NH_3 \longrightarrow RCONH_2 + \left.\begin{matrix} HCl \\ R_1COOH \\ R_1OH \end{matrix}\right.$$

氨或胺亲核性比水强，故氨解比水解容易。酰卤、酸酐可在较低温度下缓慢反应生成酰胺。酯的氨解一般只需加热而不必用催化剂。酰胺的氨解可逆，需亲核性更强且过量的胺。

三、碳酸衍生物

1. 脲(尿素)——碳酸的二元酰胺

脲俗名尿素,其结构式为 NH_2CONH_2。脲具有弱碱性,但不能使石蕊试纸变色,只能与强酸成盐。脲在强酸、强碱或酶的作用下发生水解反应。两分子脲加热缩合得到缩二脲,缩二脲在碱性介质中与极稀的硫酸铜溶液产生紫红色的颜色反应,叫做缩二脲反应。凡分子中含有 2 个及以上酰胺键(—CONH—)结构的化合物(如草二酰胺、多肽和蛋白质)都能发生缩二脲反应。

(1) 水解

脲在酸或碱催化下加热水解,生成二氧化碳和氨。

$$H_2N-\overset{\overset{\displaystyle O}{\|}}{C}-NH_2 + H_2O \xrightarrow[\triangle]{HCl} NH_4Cl + CO_2\uparrow$$

$$H_2N-\overset{\overset{\displaystyle O}{\|}}{C}-NH_2 + H_2O \xrightarrow[\triangle]{NaOH} NH_3\uparrow + Na_2CO_3$$

(2) 弱碱性

脲由于有两个氨基,氨基虽与羰基发生共轭,但氨基氮原子的电子云密度降低较小,所以仍有接受质子的能力而显弱碱性,脲的水溶液不能使石蕊变色。脲能与强酸,如硝酸、草酸等成盐。

$$H_2NCONH_2 + H_2C_2O_4 \longrightarrow (H_2NCONH_2)_2 \cdot H_2C_2O_4$$

(3) 与亚硝酸反应

脲和亚硝酸作用,能定量放出氮气,这和脂肪族伯胺的性质相似。利用此反应不但可测定脲的含量,而且常利用此反应在重氮化反应中除去过剩的亚硝酸。

$$H_2NCONH_2 + HNO_2 \longrightarrow CO_2\uparrow + N_2\uparrow + H_2O$$

(4) 酰脲的形成

脲可被酯等酰化,生成酰脲。例如在醇钠作用下,脲和丙二酸二乙酯作用,生成丙二酰脲。

$$H_2C(COOC_2H_5)_2 + (H_2N)_2C{=}O \longrightarrow \text{丙二酰脲(环状,含两个 C=O、两个 NH 与 C=O)}$$

丙二酰脲分子中,无论是亚甲基上的氢还是氮原子上的氢,由于同时有两个羰基的影响,显得很活泼,易离解而显酸性($pK_a = 3.98$)。丙二酰脲能与氢氧化钠成盐,所以丙二酰脲又称巴比妥酸。5,5-二取代丙二酰脲是一类重要的镇静催眠药,称为巴比妥类药物。

(5) 缩二脲反应

将脲加热超过其熔点时,两分子脲脱去一分子氨,生成缩二脲。

$$H_2NCONH_2 + H_2NCONH_2 \longrightarrow H_2NCONHCONH_2 + NH_3\uparrow$$

缩二脲为无色结晶,难溶于水,易溶于碱性溶液中。在缩二脲的碱性溶液中加入少量硫酸铜溶液,即呈紫红色,此反应称缩二脲反应。凡分子中含有两个或两个以上酰胺键(肽键)结构的物质,如多肽,蛋白质等,都可发生缩二脲反应。

2. 胍

脲分子中的氧原子被亚氨基(═NH)取代后的化合物称为胍,又称亚氨基脲。胍为有机强碱。

3. 丙二酰脲

丙二酰脲分子中有一个活泼的亚甲基和两个二酰亚氨基,能够发生酮型-烯醇型互变异构。烯醇型表现出比乙酸($pK_a=4.76$)还强的酸性($pK_a=3.85$),故常称为巴比妥酸。巴比妥酸分子中亚甲基上的两个氢原子被烃基取代后即得到具有镇静、催眠和麻醉作用的巴比妥类药物。

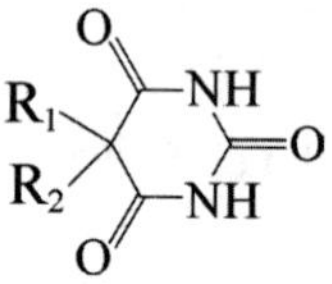

巴比妥类

复习题

一、选择题

1. 药物分子中引入乙酰基,常用的乙酰化试剂是 (　　)

A. 乙酰氯　　B. 乙醛　　C. 乙醇　　D. 乙酸

2. 下列化合物发生水解反应时速率最快的是 (　　)

A. 丙酰氯　　B. 丙酸酐　　C. 乙酸甲酯　　D. 丙酰胺

3. 下列化合物中最易烯醇化的是 (　　)

A. 2,4-戊二酮　　B. 乙酰乙酸乙酯

C. 2-丁酮　　D. 丙二酸二乙酯

4. 乙酸乙酯与丙酸甲酯在强碱条件下进行反应,可能的产物有几种 (　　)

A. 1种　　B. 2种　　C. 3种　　D. 4种

5. 下列化合物属于酸酐类化合物的是 (　　)

A. 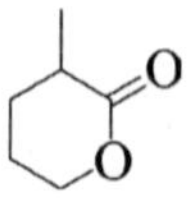　　B. 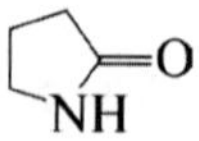　　C. 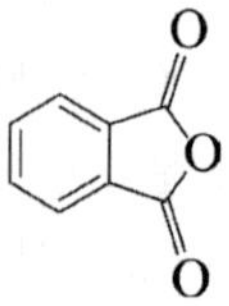　　D.

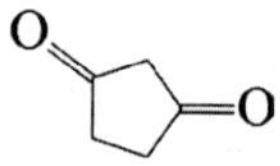

6. 不能与三氯化铁发生显色反应的化合物是 (　　)

A. 苯酚　　B. 环己醇

C. 乙酰乙酸乙酯　　D. 2,4-戊二酮

7. 分别加热下列化合物,不能生成酸酐的是 (　　)

A. 丁二酸　　B. 顺-丁烯二酸

C. 邻苯二甲酸　　D. 己二酸

8. 下列化合物不能发生缩二脲反应的是　（　　）

A. $H_2NCO—CONH_2$　　B. $H_2NCO—NHNH_2$

C. $H_2NCONHCONH_2$　　D. 多肽

9. 下列哪个化合物不能和苯胺反应得到乙酰苯胺　（　　）

A. $CH_3—\overset{O}{\overset{\|}{C}}—Cl$　　B. $CH_3—\overset{O}{\overset{\|}{C}}O\overset{O}{\overset{\|}{C}}CH_3$

C. $CH_3—\overset{O}{\overset{\|}{C}}OCH_2CH_3$　　D. $CH_3—\overset{O}{\overset{\|}{C}}—H$

10. 下列酯最易发生水解反应的是　（　　）

A. 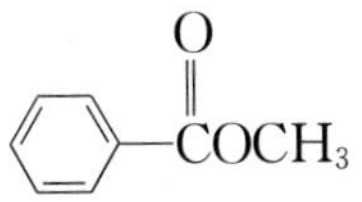 $C_6H_5—\overset{O}{\overset{\|}{C}}OCH_3$　　B. $H_3C—\overset{O}{\overset{\|}{C}}OCH_3$

C. $H—\overset{O}{\overset{\|}{C}}OCH_3$　　D. 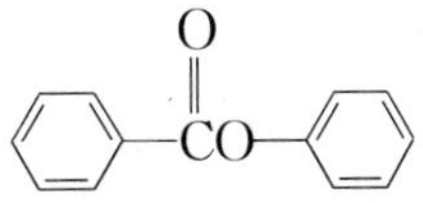 $C_6H_5—\overset{O}{\overset{\|}{C}}O—C_6H_5$

11. 具有催眠镇静作用的药物是　（　　）

A. 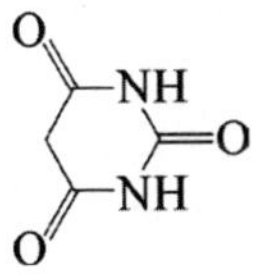 (O=, NH, =O, NH, O= 环状结构)　　B. (C_2H_5, C_6H_5; O=, NH, =O, NH, O= 环状结构)

C. (O, CH_3, O, O, H_3C, O 环状结构)　　D. 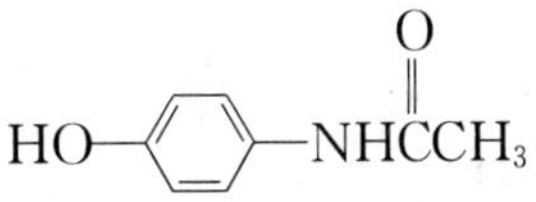 $HO—C_6H_4—NH\overset{O}{\overset{\|}{C}}CH_3$

二、命名下列化合物

1. 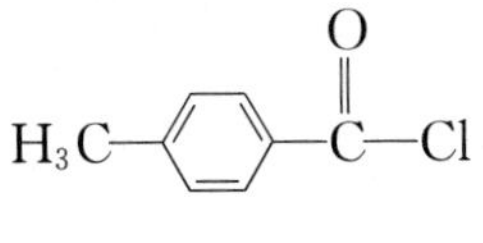 $H_3C—C_6H_4—\overset{O}{\overset{\|}{C}}—Cl$

2. (Br, O, O, O 环状结构)

3. $C_6H_5—\overset{O}{\overset{\|}{C}}—O—\overset{O}{\overset{\|}{C}}—C_6H_5$

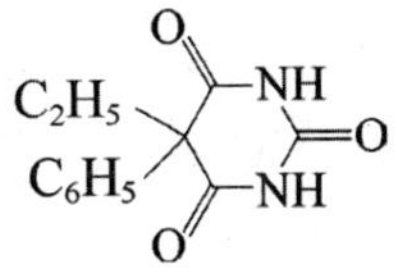

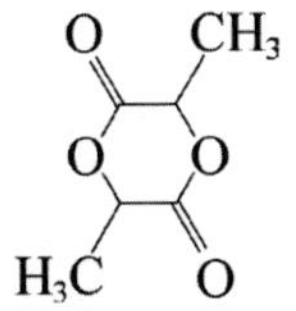

4. $C_6H_{11}—\overset{O}{\overset{\|}{C}}—OCH_2—C_6H_5$

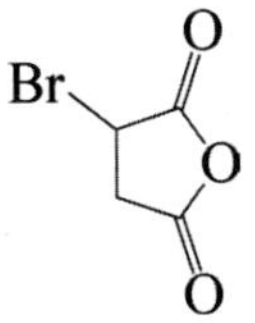

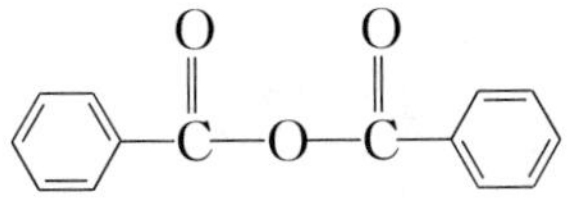

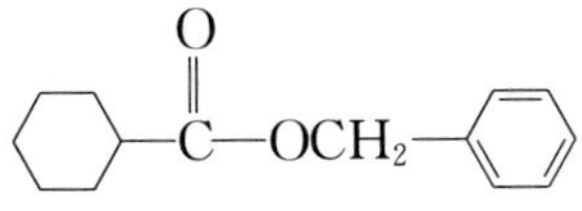

5. 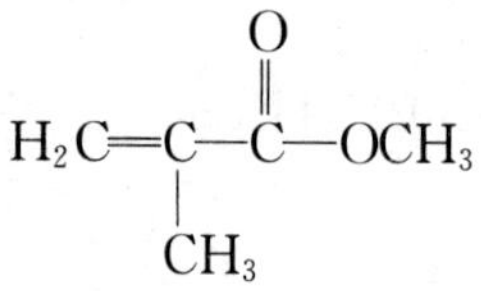 $H_2C=C(CH_3)-C(=O)-OCH_3$

6. 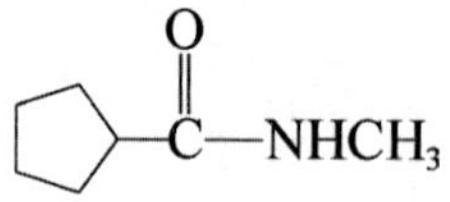 $-C(=O)-NHCH_3$

7. 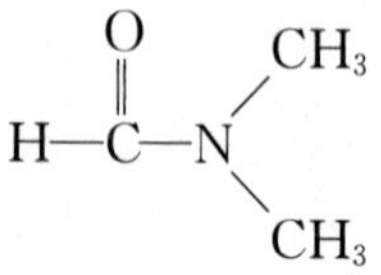 $H-C(=O)-N(CH_3)_2$

8. 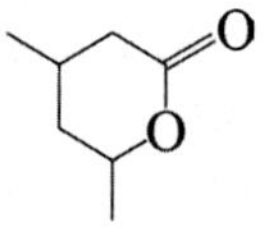 O, O

9. 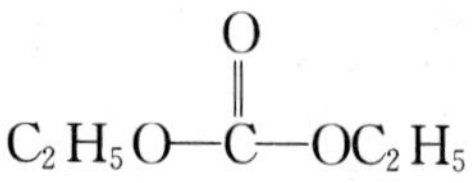 $C_2H_5O-C(=O)-OC_2H_5$

10. 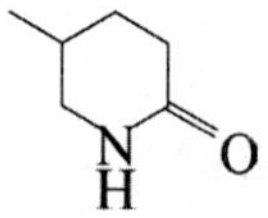 N, H, O

三、完成下列反应方程式

1.  COOH, COOH $\xrightarrow{\triangle}$ $\xrightarrow{CH_3OH}$

2. 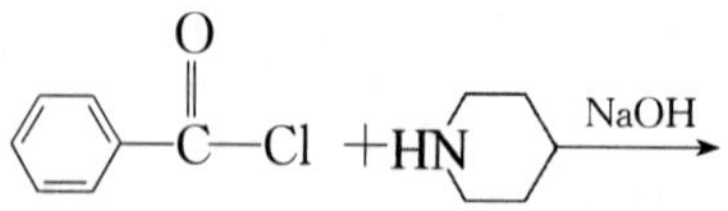 $-C(=O)-Cl$ + HN $\xrightarrow{NaOH}$

3.  COOH, OH $+(CH_3CO)_2O \xrightarrow[80\sim90\ ℃]{H_3PO_4}$

4. $-C(=O)-NHCH_3 \xrightarrow[\triangle]{OH^-}$

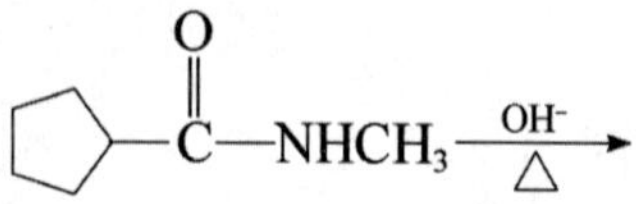

5. 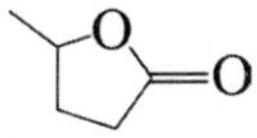 (γ-戊内酯结构式)$=O + H_2O \xrightarrow[\triangle]{OH^-}$

6. $H_2NCONH_2 + H_2O \xrightarrow[\triangle]{KOH}$

7. $CH_3\overset{O}{\overset{\|}{C}}OC_2H_5 + H_2N-C_6H_5 \longrightarrow$

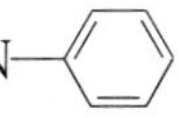

四、写出下列反应可能的反应机理

$$CH_3\overset{O}{\overset{\|}{C}}OC_2H_5 \xrightarrow[H_2O]{H^+} CH_3COOH + CH_3CH_2OH$$

参考答案

一、选择题

1. A　**2.** A　**3.** A　**4.** D　**5.** C　**6.** B　**7.** D　**8.** B　**9.** D　**10.** C　**11.** B

二、命名下列化合物

1. 对甲基苯甲酰氯　　**2.** 2-溴丁二酸酐

3. 二苯甲酸酐　　**4.** 环己基甲酸苄酯

5. 甲基丙烯酸甲酯　　**6.** *N*-甲基环戊基甲酰胺

7. *N*,*N*-二甲基甲酰胺　　**8.** 3-甲基-5-己内酯

9. 碳酸二乙酯　　**10.** 4-甲基-5-戊内酰胺

三、完成下列反应方程式

1. 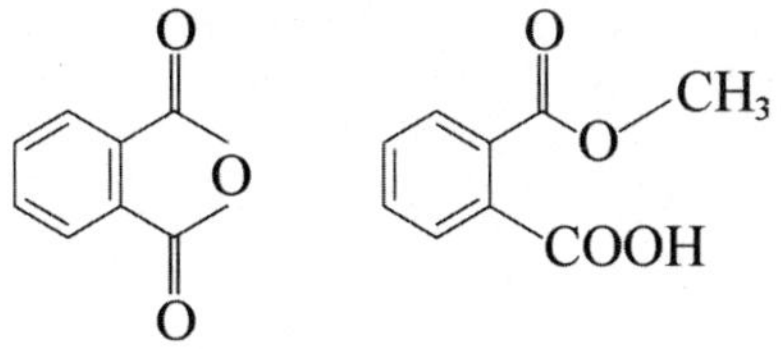 邻苯二甲酸酐（结构式）；邻位含 $COOCH_3$ 与 COOH 的苯环（结构式）

2. $C_6H_5-\overset{O}{\overset{\|}{C}}-N$（哌啶环）

3. 苯环邻位含 COOH 与 $O-\overset{O}{\overset{\|}{C}}-CH_3$（结构式）

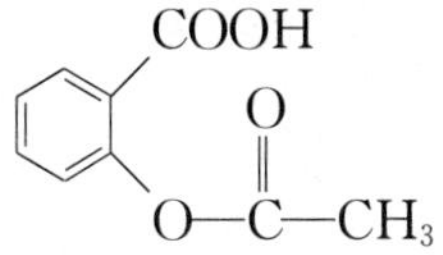

4. 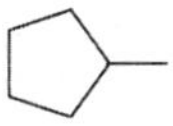 环戊基$-COO^- + CH_3NH_2$

5. 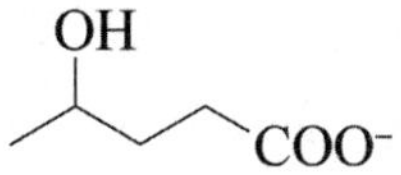 $CH_3CH(OH)CH_2CH_2COO^-$（OH 位于 4 位）

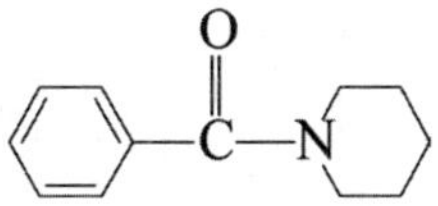

6. $NH_3 + K_2CO_3$

7. 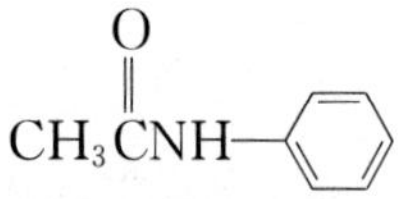 $CH_3\overset{O}{\overset{\|}{C}}NH-C_6H_5$

四、写出下列反应可能的反应机理

$$H_3C-\overset{\ddot{O}}{\overset{\|}{C}}-OEt \xrightarrow{H^+} H_3C-\overset{OH^+}{\overset{\|}{C}}-OEt \xrightarrow{H_2\ddot{O}} H_3C-\underset{OEt}{\overset{OH}{C}}-OH_2^+ \xrightarrow{-H^+}$$

$$H_3C-\underset{OEt}{\overset{OH}{C}}-OH \xrightarrow{H^+} H_3C-\underset{EtOH^+}{\overset{\ddot{O}H}{C}}-OH \xrightarrow{-EtOH} H_3C-\overset{OH^+}{\overset{\|}{C}}-OH \xrightarrow{-H^+} CH_3COOH$$

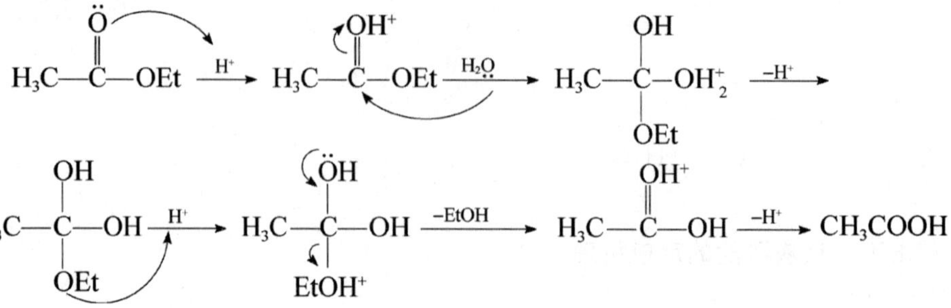

（张　明）

第十二章　羧酸衍生物涉及碳负离子的反应及在合成中的应用

知识点总结

一、酯缩合反应及酮式-烯醇式互变异构现象

1. 乙酰乙酸乙酯的制备

在醇钠的催化作用下，两分子乙酸乙酯脱去一分子乙醇生成乙酰乙酸乙酯，此反应称为克莱森酯缩合反应。

$$2CH_3COOC_2H_5 \xrightarrow{\text{乙醇钠}} CH_3COCH_2COOC_2H_5 + C_2H_5OH$$

2. 酮式-烯醇式互变异构现象

乙酰乙酸乙酯既能与羰基试剂、氢氰酸等发生加成反应，也能与金属钠作用放出氢气，使溴的四氯化碳溶液褪色，与三氯化铁作用产生紫红色，由此证明它既有酮的结构也有烯醇式的结构。乙酰乙酸乙酯室温下通常是由酮式和烯醇式两种异构体共同组成的混合物，它们之间在不断地相互转变，并以一定比例呈动态平衡。

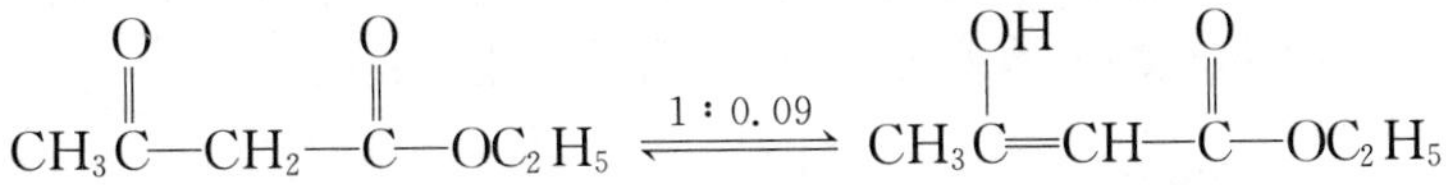

$$\underset{\text{酮式}}{CH_3\overset{O}{\overset{\|}{C}}-CH_2-\overset{O}{\overset{\|}{C}}-OC_2H_5} \xrightleftharpoons{1:0.09} \underset{\text{烯醇式}}{CH_3\overset{OH}{\overset{|}{C}}=CH-\overset{O}{\overset{\|}{C}}-OC_2H_5}$$

像这样两种异构体之间所发生的一种可逆异构化现象叫做互变异构现象。

乙酰乙酸乙酯分子中烯醇式异构体存在的比例较一般羰基化合物要高的原因，是由于其分子中的亚甲基氢受羰基和酯基的吸电子诱导效应的影响酸性较强，容易以质子形式解离。形成的碳负离子与羰基和酯基共轭，发生电子离域而比较稳定。当 H^+ 与羰基氧结合时，就形成烯醇式异构体。此外，还由于烯醇式异构体能形成六元环的分子内氢键，以及其分子中共轭体系的存在，更加强了它的稳定性。

(1) 一般单羰基化合物中酮式占绝对优势。

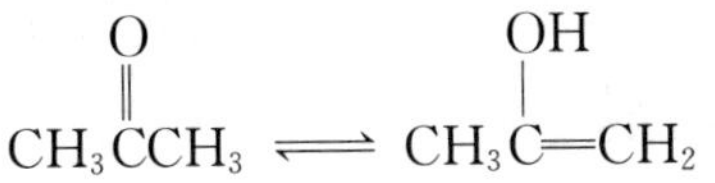

$$CH_3\overset{O}{\overset{\|}{C}}CH_3 \rightleftharpoons CH_3\overset{OH}{\overset{|}{C}}=CH_2 \qquad \text{酮式：烯醇式}=1:10^{-7}$$

(2) 含双羰基的化合物，烯醇式含量升高。

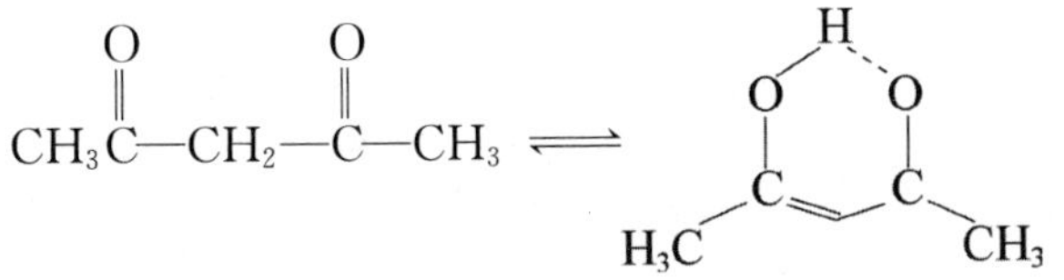

$$CH_3\overset{O}{\overset{\|}{C}}-CH_2-\overset{O}{\overset{\|}{C}}-CH_3 \rightleftharpoons \text{(六元环分子内氢键烯醇式：} H_3C-C(-O\cdots H\cdots O-)=CH-C-CH_3\text{)} \qquad \text{酮式：烯醇式}=1:3$$

二、乙酰乙酸乙酯及其在有机合成中的应用

乙酰乙酸乙酯在稀碱溶液中加热，可发生水解反应，经酸化后生成 β-丁酮酸。β-丁酮酸不稳定，失去二氧化碳生成丙酮。

乙酰乙酸乙酯亚甲基上的氢原子很活泼，与醇钠等强碱作用时，生成乙酰乙酸乙酯

的钠盐，再与活泼的卤烃或酰卤作用，生成乙酰乙酸乙酯的一烃基、二烃基或酰基衍生物。生成的衍生物经碱性水解、酸化和脱羧后，可制得相应的丙酮衍生物。

$$CH_3\overset{O}{\overset{\|}{C}}CH_2COOCH_2CH_3 \xrightarrow{EtONa} CH_3\overset{O}{\overset{\|}{C}}\overset{\ominus}{C}HCOOCH_2CH_3\ \overset{\oplus}{Na} \xrightarrow{R-X} CH_3\overset{O}{\overset{\|}{C}}\underset{R}{\underset{|}{C}}HCOOCH_2CH_3 \xrightarrow[2)\ H^+/\triangle]{1)\ OH^-/H_2O} R\boxed{CH_2\overset{O}{\overset{\|}{C}}CH_3}$$

$$\downarrow EtONa,\ R'-X$$

$$CH_3\overset{O}{\overset{\|}{C}}\underset{R}{\underset{|}{\overset{R'}{C}}}COOCH_2CH_3 \xrightarrow[2)\ H^+/\triangle]{1)\ OH^-/H_2O} R\boxed{\underset{R'}{\underset{|}{C}}H\overset{O}{\overset{\|}{C}}CH_3}$$

注意：(1) 卤代烃为 1°RX；(2) 先上体积较大的基团。

三、丙二酸二乙酯及其在有机合成中的应用

与乙酰乙酸乙酯类似，由于丙二酸酯分子中亚甲基上的氢原子受相邻两个酯基的影响，比较活泼，在强碱乙醇钠的催化下与卤代烃或酰氯反应，生成一元取代丙二酸酯和二元取代丙二酸酯。烃基或酰基取代丙二酸酯经碱性水解、酸化和脱羧后可制得相应的羧酸。这是合成各种类型羧酸的重要方法，称为丙二酸酯合成法。

$$CH_2(COOC_2H_5)_2 \xrightarrow{EtONa} \overset{\oplus}{Na}\ {}^{\ominus}CH(COOC_2H_5)_2 \xrightarrow{R-X} RCH(COOC_2H_5)_2 \xrightarrow[2)\ H^+/\triangle]{1)\ OH^-/H_2O} R\boxed{CH_2COOH}$$

$$\downarrow EtONa,\ R'-X$$

$$\underset{R'}{\underset{|}{RC}}(COOC_2H_5)_2 \xrightarrow[2)\ H^+/\triangle]{1)\ OH^-/H_2O} R\boxed{\underset{C}{\underset{|}{C}}HCOOH}$$

注意：(1) 卤代烃为 1°RX；(2) 先上体积较大的基团。

复习题

一、完成下列反应方程式

1. 2 $CH_3CH_2COOCH_2CH_3$ (bond-line) $\xrightarrow[EtOH]{EtONa}$

2. $2Ph-CH_2\overset{O}{\overset{\|}{C}}OC_2H_5 \xrightarrow[H^+]{EtONa}$ $\qquad\qquad \xrightarrow[2)\ H^+/\triangle]{1)\ OH^-/H_2O}$

3. $C_6H_5\text{—}\overset{O}{\overset{\|}{C}}\text{—}OEt + CH_3CH_2COOEt \xrightarrow[EtOH]{EtONa}$

4. $\begin{array}{l} CH_2CH_2COOC_2H_5 \\ | \\ CH_2CH_2COOC_2H_5 \end{array} \xrightarrow{C_2H_5ONa} \qquad \xrightarrow[2)\ H^+/\triangle]{1)\ OH^-/H_2O}$

5. (cyclohexanone) $C_6H_{10}\text{=}O + CH_3COOC_2H_5 \xrightarrow{EtONa}$

6. $C_6H_5COCH_3 + CH_3CH_2COOEt \xrightarrow[2)\ H^+]{1)\ EtONa}$

7. $o\text{-}CH_3OOC\text{—}C_6H_4\text{—}COCH_3 \xrightarrow[2)\ H^+]{1)\ EtONa}$

8. $C_6H_5COOH \xrightarrow[\triangle]{NH_3} \qquad \xrightarrow{Br_2/NaOH}$

9. $PhCHO + H_2C\begin{array}{l} \diagup CN \\ \diagdown COOEt \end{array} \xrightarrow{\text{吡啶}}$

10. $H_2C\text{=}CHCOOEt + CH_2(COOEt)_2 \xrightarrow{EtONa}$

11. $C_6H_5CH_2CHO + BrCH_2COOEt \xrightarrow[(2)\ H^+]{(1)\ Zn/C_6H_6}$

12. $C_6H_5COCH_3 + BrCH_2COOC_2H_5 \xrightarrow{EtONa}$

二、写出下列反应可能的反应机理

1. $2CH_3COC_2H_5 \xrightarrow[2)\ H_3O^+]{1)\ EtONa} CH_3COCH_2COC_2H_5$（$CH_3C(=O)OC_2H_5$ → $CH_3C(=O)CH_2C(=O)OC_2H_5$）

2. 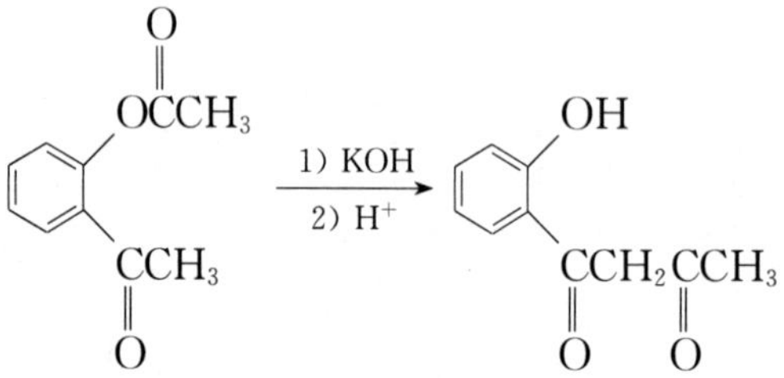 邻乙酰氧基苯乙酮（$C_6H_4(OCOCH_3)(COCH_3)$）$\xrightarrow[2)\ H^+]{1)\ KOH}$ 邻羟基苯基-1,3-丁二酮（$C_6H_4(OH)(COCH_2COCH_3)$）

3. $CH_2(COOEt)_2 \xrightarrow[2)\ 环氧乙烷]{1)\ EtONa}$ 2-乙氧羰基-γ-丁内酯（γ-丁内酯环上α位连 COOEt）

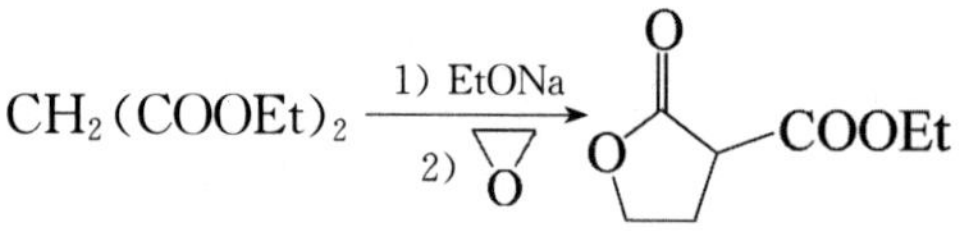

三、由指定原料合成

1. $CH_3CH_2CH(CH_3)COOH$ （丙二酸二乙酯和不超过 2 个碳的原料）

2. $HOOCCH_2CH(CH_3)CH_2COOH$ （丙二酸二乙酯和不超过 2 个碳的原料）

3. 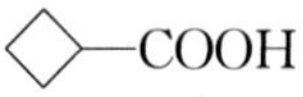 环丁基—COOH （丙二酸二乙酯和不超过 3 个碳的原料）

4. $CH_3\overset{O}{\overset{\|}{C}}\underset{CH_3}{\underset{|}{C}}HCH_2Ph$　（乙酰乙酸乙酯和合适的有机原料）

5. $CH_3\underset{OH}{\underset{|}{C}}HCH_2CH_2CH_3$　（乙酰乙酸乙酯和不超过 2 个碳的原料）

6. 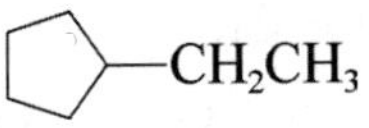 C_5H_9—CH_2CH_3　（乙酰乙酸乙酯和不超过 4 个碳的原料）

7. 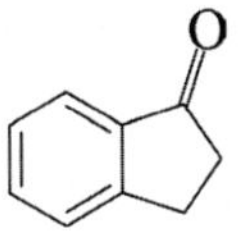 O　（丙二酸二乙酯和甲苯）

参考答案

一、完成下列反应方程式

1. 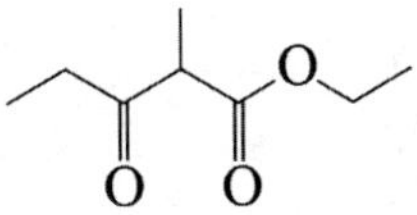 O　O　O

2. $Ph—CH_2\overset{O}{\overset{\|}{C}}\underset{COOEt}{\underset{|}{C}}H—Ph$　$PhCH_2\overset{O}{\overset{\|}{C}}CH_2Ph$

3. 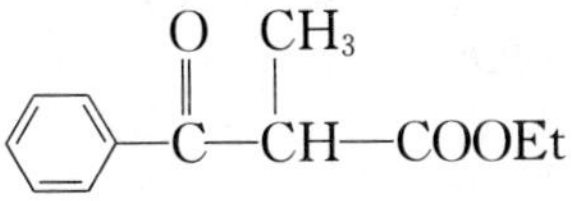 $C_6H_5—\overset{O}{\overset{\|}{C}}—\overset{CH_3}{\overset{|}{C}}H—COOEt$

4. O　COOEt　O

5. O　O

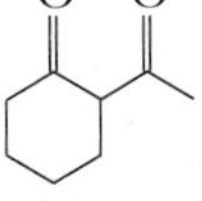

6. 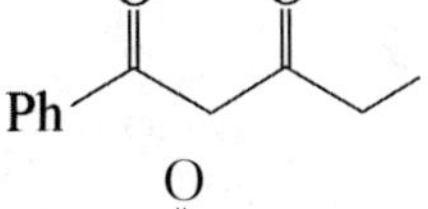 O　O　Ph

7. 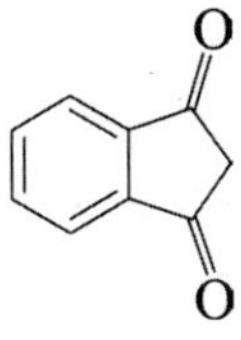 O　O

8. 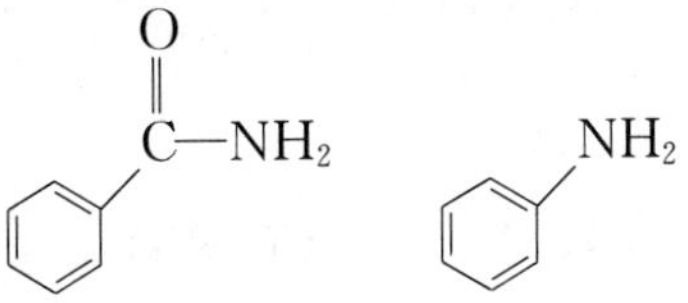 $C_6H_5—\overset{O}{\overset{\|}{C}}—NH_2$　NH_2

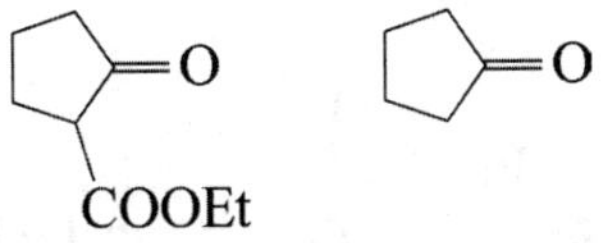

9. $PhCH{=}C(CN)(COOEt)$

10. CH_2CH_2COOEt / $CH(COOEt)_2$（两者相连）

11. C_6H_5—$CH_2CH(OH)$—CH_2COOEt

12. C_6H_5—$C(CH_3)$—CH—$COOEt$（C与CH之间以O相连成环氧）

二、写出下列反应可能的反应机理

1. $H{-}CH_2COC_2H_5$（C=O）$\xrightleftharpoons{EtO^-}$ $\bar{C}H_2COC_2H_5$ + $CH_3C(=O){-}OEt$ $\rightleftharpoons$ $CH_3C(O^-)(OC_2H_5){-}CH_2COC_2H_5$

$\xrightleftharpoons{-EtO^-}$ $CH_3C(=O){-}CH_2C(=O)OEt$ $\xrightarrow{EtONa}$ $CH_3C(=O){-}CH(Na)C(=O)OC_2H_5$ $\xrightarrow{H^+}$ $CH_3C(=O){-}CH_2C(=O)OC_2H_5$

2. 邻乙酰基苯基乙酸酯（$OC(=O)CH_3$，$C(=O)CH_3$）$\xrightarrow{KOH}$ $OC(=O)CH_3$ / $C(=O)CH_2^-$ $\longrightarrow$ 环状中间体（$C(O^-)(CH_3)$，C=O）$\longrightarrow$

O^- / $C(=O)CH_2C(=O)CH_3$ $\xrightarrow{H^+}$ OH / $C(=O)CH_2C(=O)CH_3$

3. $CH_2(COOEt)_2$ $\xrightarrow{EtONa}$ $\bar{C}H(COOEt)_2$ + 环氧乙烷 $\longrightarrow$ $EtO{-}C(=O){-}CH(COOEt){-}CH_2{-}CH_2O^-$

环状中间体（EtO，O^-，EtOOC）$\longrightarrow$ EtOOC—（γ-丁内酯）

三、由指定原料合成

1. $CH_2(COOEt)_2$ $\xrightarrow[2)\ CH_3CH_2Cl]{1)\ EtONa}$ $CH_3CH_2{-}CH(COOEt)_2$ $\xrightarrow[2)\ CH_3I]{1)\ EtONa}$

$CH_3CH_2{-}C(CH_3)(COOEt)_2$ $\xrightarrow[2)\ H^+/\triangle]{1)\ OH^-/H_2O}$ $CH_3CH_2CH(CH_3)COOH$

2. $2CH_2(COOEt)_2 \xrightarrow{2EtONa} 2\overset{\ominus}{C}H(COOEt)_2 \xrightarrow{CH_3CHBr_2} CH_3CH[CH(COOEt)_2]_2 \xrightarrow[2)\ H^+/\triangle]{1)\ OH^-/H_2O} HOOCCH_2CH(CH_3)CH_2COOH$

3. $CH_2(COOEt)_2 \xrightarrow{2EtONa} \overset{\ominus}{\underset{\ominus}{C}}(COOEt)_2 \xrightarrow{BrCH_2CH_2CH_2Br}$ 1,1-环丁烷二甲酸二乙酯（COOEt, COOEt） $\xrightarrow[2)\ H^+/\triangle]{1)\ OH^-/H_2O}$ 环丁基—COOH

4. $CH_3COCH_2COOC_2H_5 \xrightarrow[2)\ PhCH_2Br]{1)\ EtONa} CH_3COCH(CH_2Ph)COOC_2H_5 \xrightarrow[2)\ CH_3I]{1)\ EtONa} CH_3CO-C(COOEt)(CH_3)(CH_2Ph) \xrightarrow[2)\ H^+/\triangle]{1)\ OH^-/H_2O} CH_3COCH(CH_3)CH_2Ph$

5. $CH_3COCH_2COOC_2H_5 \xrightarrow[2)\ CH_3CH_2Br]{1)\ EtONa} CH_3COCH(CH_2CH_3)COOC_2H_5 \xrightarrow[2)\ H^+/\triangle]{1)\ OH^-/H_2O} CH_3COCH_2CH_2CH_3 \xrightarrow{NaBH_4} CH_3CH(OH)CH_2CH_2CH_3$

6. $CH_3COCH_2COOC_2H_5 \xrightarrow[2)\ BrCH_2CH_2CH_2CH_2Br]{1)\ EtONa} BrCH_2CH_2CH_2CH_2-CH(COOEt)(COCH_3) \xrightarrow{EtONa}$ 1-乙酰基环戊烷甲酸乙酯（$-\overset{O}{\overset{\|}{C}}CH_3$, COOEt） $\xrightarrow[2)\ H^+/\triangle]{1)\ OH^-/H_2O}$ 环戊基—$\overset{O}{\overset{\|}{C}}CH_3$ $\xrightarrow[HCl]{Zn/Hg}$ 乙基环戊烷

7. $PhCH_3 \xrightarrow[h\nu]{Br_2} PhCH_2Br$

$EtOOCCH_2COOEt \xrightarrow{EtONa} EtOOC\overset{\ominus}{C}HCOOEt$

以上两者 → $PhCH_2-CH(COOEt)_2$

$\xrightarrow[2)\ H^+/\triangle]{1)\ OH^-/H_2O} PhCH_2-CH_2COOH \xrightarrow{SOCl_2} PhCH_2CH_2COCl \xrightarrow{AlCl_3}$ 1-茚酮

（陈冬生）

第十三章　胺

知识点总结

第一节　胺

一、分类和命名法

定义：氨分子中的氢原子被氨基取代后所得到的化合物。

分类：根据氨分子中的一个、二个和三个氢原子被烃基取代分成伯胺(1°胺)、仲胺(2°胺)和叔胺(3°胺)。相当于氢氧化铵 NH_4OH 和卤化铵 NH_4X 的四个氢全被烃基取代所成的化合物叫做季铵碱和季铵盐。

NH_3　　$R—NH_2$ 伯胺　　R_2NH 仲胺　　R_3N 叔胺

NH_4OH　　R_4NOH 季铵碱

NH_4X　　R_4NX 季铵盐

根据氨基所连的烃基不同可分为脂肪胺($R—NH_2$)和芳香胺($Ar—NH_2$)。

1. 伯、仲、叔胺与伯、仲、叔醇的分级依据不同。胺的分级着眼于氮原子上烃基的数目，醇的分级立足于羟基所连的碳原子的级别。例如叔丁醇是叔醇而叔丁胺属于伯胺。

$$H_3C—C(CH_3)_2—OH$$
叔丁醇 (3°醇)

$$H_3C—C(CH_3)_2—NH_2$$
叔丁胺(1°胺)

2. 要掌握氨、胺和铵的用法。氨是 NH_3。氨基是$—NH_2$。氨分子中氢原子被烃基取代生成的有机化合物称为胺。季铵类的名称用铵，表示它与 NH_4^+ 的关系。

命名：对于简单的胺，命名时在“胺”字之前加上烃基的名称即可。仲胺和叔胺中，当烃基相同时，在烃基名称之前加词头“二”或“三”。例如：

CH_3NH_2　甲胺　　$(CH_3)_2NH$　二甲胺　　$(CH_3)_3N$　三甲胺

$C_6H_5NH_2$　苯胺　　$(C_6H_5)_2NH$　二苯胺　　$(C_6H_5)_3N$　三苯胺

而仲胺或叔胺分子中烃基不同时，命名时选最复杂的烃基作为母体伯胺，小烃基作为取代基，并在前面冠以“*N*”，突出它是连在氮原子上。例如：

$CH_3CH_2CH_2N(CH_3)CH_2CH_3$　　*N*-甲基-*N*-乙基丙胺(或甲乙丙胺)

$C_6H_5CH(CH_3)NHCH_3$　　*N*-甲基-1-苯基乙胺

$C_6H_5N(CH_3)_2$　　*N*,*N*-二甲基苯胺

季铵盐和季铵碱：如 4 个烃基相同时，其命名与卤化铵和氢氧化铵的命名相似，称为卤化四某铵和氢氧化四某铵；若烃基不同时，烃基名称由小到大依次排列。例如：

$(CH_3)_4N^+Cl^-$	氯化四甲铵
$(CH_3)_4N^+OH^-$	氢氧化四甲铵
$[HOCH_2CH_2N^+(CH_3)_3]OH^-$	氢氧化三甲基-2-羟乙基铵(胆碱)
$[C_6H_5CH_2N^+(CH_3)_2C_{12}H_{25}]Br^-$	溴化二甲基十二烷基苄基铵(新洁尔灭)

二、物理性质

1. 状态:低级脂肪胺,如甲胺、二甲胺和三甲胺等,在常温下是气体,丙胺以上是液体,十二胺以上为固体。芳香胺是无色高沸点的液体或低熔点的固体,并有毒性。

2. 沸点:同分异构体的伯、仲、叔胺,其沸点依次降低。这是因伯、仲胺分子之间可形成氢键,叔胺则不能。例如丙胺、甲乙胺和三甲胺的沸点分别为 48.7 ℃、36.5 ℃和 2.5 ℃。

3. 水溶性:低级的伯、仲、叔胺都有较好的水溶性。因为它们都能与水形成氢键。随着相对分子质量的增加,其水溶性迅速减小。

三、化学性质

胺的化学性质主要取决于氮原子上的未共用电子对。当它提供未共用电子对给质子或路易斯酸时,胺显碱性;它作为亲核试剂时,能与卤代烃发生烃基化反应,能与酰卤、酸酐等酰基化试剂发生酰化反应,还能和亚硝酸反应;当它和氧化剂作用,氮原子提供未共用电子对时表现出还原性。此外芳香胺的氨基增强了芳环亲电取代反应活性等。

1. 碱性

胺分子中氮原子上的未共用电子对能接受质子,因此胺呈碱性。

在溶液中,脂肪族胺中仲胺碱性最强,伯胺次之,叔胺最弱,但它们的碱性都比氨强。其碱性按大小顺序排列如下:

$$(CH_3)_2NH > CH_3NH_2 > (CH_3)_3N > NH_3$$

胺的碱性强弱取决于氮原子上未共用电子对和质子结合的难易,而氮原子接受质子的能力又与氮原子上电子云密度大小以及氮原子上所连基团的空间阻碍有关。脂肪族胺的氨基氮原子上所连接的基团是脂肪族烃基。从供电子诱导效应看,氮原子上烃基数目增多,则氮原子上电子云密度增大,碱性增强。因此脂肪族仲胺碱性比伯胺强,它们碱性都比氨强,但从烃基的空间效应看,烃基数目增多,空间阻碍也相应增大,三甲胺中三个甲基的空间效应比供电子作用更显著,所以三甲胺的碱性比甲胺还要弱。

芳香胺的碱性比氨弱,而且三苯胺的碱性比二苯胺弱,二苯胺比苯胺弱。这是由于苯环与氮原子核发生吸电子共轭效应,使氮原子电子云密度降低,同时阻碍氮原子接受质子的空间效应增大,而且这两种作用都随着氮原子上所连接的苯环数目增加而增大。因此芳香胺的碱性顺序是:

$$NH_3 > \text{苯胺} > \text{二苯胺} > \text{三苯胺}$$

芳脂胺的碱性,由于氨基氮原子上未共用电子对不能和苯环发生 p-π 共轭,所以碱性一般比苯胺强些。例如,苄胺($pK_a=9.4$)>苯胺($pK_a=4.6$)。

季铵碱因在水中可完全电离,因此是强碱,其碱性与氢氧化钾相当。

综上所述，胺类是弱碱，其碱性比氢氧化钠弱得多。它可与强酸形成可溶于水的碱盐，遇强碱后可被游离出来。利用这些性质，可将胺类从水不溶性化合物中分离出来。

利用胺盐的水溶性，可将某些水不溶性的胺类药物制成可溶性盐，例如有较好疗效的局部麻醉药普鲁卡因不溶于水，影响使用，将它配制成水溶性的盐酸盐，做成针剂，则大大方便了应用。

2. 氧化反应

胺易被氧化，例如过氧化氢或过氧酸可氧化脂肪族伯、仲、叔胺，分别生成肟、羟胺和 *N*-氧化胺。

芳香族胺更容易被氧化。芳胺在空气中长期存放时，被空气氧化，生成黄、红、棕色的复杂氧化物。其中含有醌类、偶氮化合物等。因此在有机合成中，如果要氧化芳胺环上其他基团，则必须首先要保护氨基，否则氨基更易被氧化。

3. 酰基化和磺酰化反应

伯胺或仲胺与酰基化试剂，如酰卤、酸酐及酯等作用，发生酰基化反应，生成 *N*-取代酰胺或 *N*,*N*-二取代酰胺。因叔胺氮原子上没有氢原子，所以不能发生酰化反应。

$$RNH_2 + (RCO)_2O \longrightarrow RCONHR + RCOOH$$

$$R_2NH + (RCO)_2O \longrightarrow RCONR_2 + RCOOH$$

由于芳香族胺的碱性比脂肪胺弱得多，所以酰化反应缓慢得多，而且芳胺只能被酰卤、酸酐所酰化，不能和酯类反应。

胺的酰化反应有许多重要的应用。由于胺类易被酰卤、酸酐酰化成对氧化剂较稳定的取代酰胺，而取代酰胺在酸或碱催化下加热水解，又易除去酰基，把氨基游离出来。所以利用胺的酰化反应可以在有机合成中“保护氨基”。例如由对甲基苯胺合成普鲁卡因的中间体——对氨基苯甲酸时，因氨基也易被氧化，因此合成时应首先“保护氨基”，然后氧化甲基时被保护的氨基可免受氧化，最后水解，又将氨基游离出来。

$$p\text{-}CH_3C_6H_4NH_2 \xrightarrow{CH_3\overset{O}{\overset{\|}{C}}-Cl} p\text{-}CH_3C_6H_4NH\overset{O}{\overset{\|}{C}}CH_3 \xrightarrow{KMnO_4} p\text{-}HOOCC_6H_4NHCOCH_3 \xrightarrow[\triangle]{OH^-} p\text{-}HOOCC_6H_4NH_2$$

伯胺和仲胺还可以和苯磺酰氯发生磺酰化反应，生成磺酰胺化合物，但叔胺不发生此反应。伯胺的磺酰胺产物氮原子上还有一个氢，受磺酰基的吸电子共轭的影响而呈酸性，因此能与碱成盐而溶于氢氧化钠溶液中。仲胺的磺酰胺产物氮原子上没有氢原子，因而不溶于氢氧化钠溶液中。所以可利用此反应来分离提纯或鉴别伯、仲、叔胺。此反应称兴斯堡反应。

4. 与亚硝酸的反应

脂肪族伯胺与亚硝酸反应，生成醇、卤代烃和烯烃等混合物并定量放出氮气。例如：

$$RNH_2 + HNO_2 \longrightarrow ROH + N_2\uparrow$$

可利用此反应定量放出的氮气对脂肪伯胺进行定量分析。

在低温下，芳香伯胺在过量强酸溶液中与亚硝酸反应，可生成在 0℃左右较稳定的重氮盐。

$$C_6H_5\text{—}NH_2 + NaNO_2 + HCl \xrightarrow{0\sim5\ ℃} C_6H_5\text{—}N_2Cl + H_2O + NaCl$$

芳香族重氮盐虽在低温下较稳定，但受热则分解放出氮气，并生成酚。

$$C_6H_5\text{—}N_2Cl \xrightarrow{\triangle} C_6H_5\text{—}OH + N_2\uparrow$$

脂肪族或芳香族仲胺可与亚硝酸作用，都生成不溶于水的黄色油状物 *N*-亚硝基仲胺。

$$C_6H_5\text{—}NHCH_3 + HNO_2 \longrightarrow C_6H_5\text{—}N(NO)CH_3$$

脂肪族叔胺由于氮原子上没有氢原子，只能与亚硝酸作用生成不稳定的水溶性亚硝酸盐。此盐用碱处理后又重新得到游离的脂肪族叔胺。

$$R_3N + HNO_2 \longrightarrow R_3NHNO_2$$

芳香族叔胺与亚硝酸作用不生成盐，而是在芳环上引入亚硝基，生成对亚硝基芳叔胺。如对位被其他基团占据，则亚硝基在邻位上取代。例如：

$$C_6H_5\text{—}N(CH_3)_2 + NaNO_2 + HCl \longrightarrow O{=}N\text{—}C_6H_4\text{—}N(CH_3)_2$$

5. 芳环上的亲电取代反应

由于芳香族胺的氮原子上未共用电子对与苯环发生供电子共轭效应，使苯环电子云密度增加，特别是氨基的邻、对位，电子云密度增加更为显著，因此苯环上的氨基是活化苯环的强的邻、对位定位基团，使芳胺易发生亲电取代反应。

(1) 卤代反应

苯胺与卤素的反应很迅速。例如苯胺与溴水作用，在室温下立即生成 2,4,6-三溴苯胺白色沉淀。此反应能定量完成，可用于苯胺的定性或定量分析。

$$C_6H_5\text{—}NH_2 + 3Br_2 \xrightarrow{H_2O} 2,4,6\text{-}Br_3C_6H_2\text{—}NH_2 + 3HBr$$

要想得到一溴苯胺，就必须设法降低氨基的活性。因酰氨基比氨基的活性差，所以先将氨基酰化成酰氨基，然后溴化，最后水解除去酰基，就可以得到以对位的一溴苯胺为主的产物。

$$C_6H_5NH_2 \xrightarrow{CH_3\overset{O}{\overset{\|}{C}}\text{—}Cl} C_6H_5NH\overset{O}{\overset{\|}{C}}CH_3 \xrightarrow[Fe]{Br} p\text{-}Br\text{—}C_6H_4\text{—}NHCOCH_3 \xrightarrow[\triangle]{OH^-} p\text{-}Br\text{—}C_6H_4\text{—}NH_2$$

(2) 硝化反应

由于苯胺分子中氨基极易被氧化，所以芳香族胺要发生芳环上的硝化反应，就不能直接进行，而应先保护氨基。根据产物的要求，可采用不同的方法保护氨基。

$$C_6H_5NH_2 \xrightarrow{CH_3COCl} C_6H_5NHCOCH_3 \xrightarrow[(CH_3CO)_2O]{HNO_3} o\text{-}O_2NC_6H_4NHCOCH_3 \xrightarrow[H^+\text{或}OH^-]{H_2O} o\text{-}O_2NC_6H_4NH_2$$

6. 季铵盐和季铵碱的反应

胺和过量碘甲烷反应生成季铵盐，用氢氧化银或湿的氧化银和季铵盐的醇溶液作用，可制得季铵碱。

$$RCH_2CH_2NH_2 \xrightarrow{3CH_3I} RCH_2CH_2\overset{+}{N}(CH_3)_3I^- \xrightarrow{AgOH} RCH_2CH_2\overset{+}{N}(CH_3)_3OH^-$$

季铵碱对热不稳定，加热到 100 ℃ 以上时，季铵碱发生分解，生成叔胺。

$$(CH_3)_4N^+OH^- \xrightarrow{\triangle} (CH_3)_3N + CH_3OH$$

如果季铵碱分子中有大于甲基的烷基，并含有 β-H 时，其加热分解的同时发生消除反应，生成叔胺、烯烃和水。例如：

$$(CH_3)_3\overset{+}{N}-\overset{\alpha}{C}H_2-\overset{\beta}{C}H_2(H)\ \overset{\ominus}{O}H \xrightarrow{\triangle} CH_2=CH_2 + (CH_3)_3N + H_2O$$

此反应是由碱性试剂 OH^- 进攻 β-H，按照 E2 历程进行的 β-消除反应，称为霍夫曼消除反应。

当季铵碱具有两种或多种不同类型饱和烷基的 β-H 时，霍夫曼消除反应的主要方式是消去含氢较多的 β-碳原子上的氢。例如：

$$CH_3\overset{\beta}{C}H_2CH(\overset{\beta}{C}H_3)\overset{+}{N}(CH_3)_3OH^- \xrightarrow{\triangle} \underset{95\%}{CH_3CH_2CH=CH_2} + \underset{5\%}{CH_3CH=CHCH_3} + (CH_3)_3N + H_2O$$

霍夫曼消除反应的产物，主要是生成双键碳原子含取代基较少的烯烃，这种消除方式与卤代烃的札依采夫规则相反，称为霍夫曼规则。

四、胺的制法

1. 某些含氮化合物的还原

芳香族硝基化合物、腈、酰胺、肟、亚胺等化合物都可以还原制备胺。还原剂一般可用催化加氢或氢化铝锂。例如：

$$o\text{-}CH_3C_6H_4NO_2 + H_2 \xrightarrow[\text{高压},\triangle]{Ni} o\text{-}CH_3C_6H_4NH_2$$

芳香族硝基化合物一般常用铁或锡加盐酸，在酸性介质中还原制备芳香族胺。例如：

$$C_6H_5NO_2 \xrightarrow{Fe/HCl} C_6H_5NH_2$$

2. 卤代烃的氨基化

氨或胺作为亲核试剂和卤代烃作用，得到伯、仲、叔胺和季铵盐的混合物。分离提纯它们比较困难，所以制备受到一定的限制。但如果用酰亚胺作亲核试剂与卤代烃作用，然后碱性水解把胺游离出来，则可得到纯净的伯胺。此反应称盖布瑞尔合成法。常用的酰亚胺是邻苯二甲酰亚胺。

$$\text{邻苯二甲酰亚胺(C}_6\text{H}_4(\text{CO})_2\text{NH)} \xrightarrow{\text{KOH}} \text{C}_6\text{H}_4(\text{CO})_2\text{N}^-\text{K}^+ \xrightarrow{\text{C}_2\text{H}_5-\text{X}} \text{C}_6\text{H}_4(\text{CO})_2\text{N}-\text{C}_2\text{H}_5$$

$$\xrightarrow{\text{OH}^-/\text{H}_2\text{O}} o\text{-C}_6\text{H}_4(\text{CONHC}_2\text{H}_5)(\text{COO}^-) \xrightarrow[\triangle]{\text{OH}^-/\text{H}_2\text{O}} o\text{-C}_6\text{H}_4(\text{COO}^-)_2 + \text{C}_2\text{H}_5\text{NH}_2$$

3. 酰胺的霍夫曼降解反应

未取代的酰胺与卤素在氢氧化钠溶液中作用，酰胺分子失去羰基，生成比原来少一个碳原子的伯胺，此反应称酰胺的霍夫曼降解反应。例如：

$$\text{RCONH}_2 + \text{Br}_2 + \text{NaOH} \longrightarrow \text{RNH}_2 + \text{Na}_2\text{CO}_3 + \text{NaBr} + \text{H}_2\text{O}$$

第二节　重氮化合物和偶氮化合物

重氮化合物和偶氮化合物都含有—N═N—原子团。该官能团的一端与烃基相连，另一端与非碳原子相连或不与其他的原子或原子团相连的化合物，称为重氮化合物。如：

$$\text{C}_6\text{H}_5-\text{N}\equiv\text{NCl} \qquad \text{C}_6\text{H}_5-\text{N}\equiv\text{NHSO}_4$$

氯化重氮苯（重氮苯盐酸盐）　　硫酸重氮苯（重氮苯硫酸盐）

—N═N—官能团两端都分别与烃基相连的化合物，称为偶氮化合物。如：

$$\text{CH}_3-\text{N}=\text{N}-\text{CH}_3 \qquad \text{C}_6\text{H}_5-\text{N}=\text{N}-\text{C}_6\text{H}_5 \qquad \text{C}_6\text{H}_5-\text{N}=\text{N}-\text{C}_6\text{H}_4-\text{OH}$$

偶氮甲烷　　偶氮苯　　对羟基偶氮苯

一、偶氮化合物的制备

在低温和强酸性水溶液中，芳香族伯胺和亚硝酸作用，生成重氮化合物，此反应称为重氮化反应。如：

$$\text{C}_6\text{H}_5-\text{NH}_2 + \text{NaNO}_2 + \text{HCl} \xrightarrow{0\sim5\ ℃} \text{C}_6\text{H}_5-\text{N}_2\text{Cl} + \text{H}_2\text{O} + \text{NaCl}$$

重氮盐是重要的有机合成中间体，生成的重氮盐不必分离，可直接在原溶液中进行下一步合成反应。

二、重氮盐的性质和应用

重氮盐具有盐的性质，易溶于水，不溶于有机溶剂。重氮盐的化学性质很活泼，可发生许多反应，主要有如下两类：一类是放氮反应，一类是不放氮的偶联反应。

(一) 放氮反应

放氮反应是重氮基被其他原子或原子团取代同时放出氮气的一类反应。重氮盐在亚铜盐的催化下，重氮基被氯、溴、氰基取代，分别生成氯苯、溴苯和苯腈，同时放出氮气，此反应称为桑德迈尔反应。

$$C_6H_5-N_2Cl \xrightarrow{CuX} C_6H_5-X + N_2\uparrow \ (X = Cl, Br)$$

$$C_6H_5-N_2Cl \xrightarrow[KCN]{CuCN} C_6H_5-CN + N_2\uparrow$$

碘化物的生成最容易，只需用 KI 与重氮盐一起共热即可，且收率良好。

$$C_6H_5-N_2Cl \xrightarrow[\triangle]{KI} C_6H_5-I + N_2\uparrow$$

将重氮硫酸盐加热，重氮基被羟基取代，生成苯酚并放出氮气。例如：

$$C_6H_5-N_2HSO_4 \xrightarrow[\triangle]{H_2SO_4/H_2O} C_6H_5-OH + N_2\uparrow$$

重氮硫酸盐和次磷酸反应，重氮基被氢原子取代并放出氮气。例如：

$$C_6H_5-N_2HSO_4 \xrightarrow{H_3PO_2} C_6H_6 + N_2\uparrow$$

(二) 偶联反应

重氮盐在低温下与苯酚或芳胺作用，生成有色的偶氮化合物的反应，称为偶联反应。

$$C_6H_5-N_2Cl + C_6H_5-OH \xrightarrow{pH\ 8\sim9} C_6H_5-N{=}N-C_6H_4-OH$$

$$C_6H_5-N_2Cl + C_6H_5-N(CH_3)_2 \xrightarrow{pH\ 4\sim6} C_6H_5-N{=}N-C_6H_4-N(CH_3)_2$$

偶联反应一般发生在对位，如对位已有基团占据，也可发生在邻位。

从以上酚和芳香叔胺与重氮盐发生的偶联反应来看，偶联发生在邻对位，相当于正电性的重氮盐取代了苯环上的氢原子，属于亲电取代反应，重氮正离子是弱的亲电试剂，所以只能进攻像酚和芳胺这类活性很高的芳环。

偶氮化合物是一类有颜色的化合物，有些可直接作染料或指示剂。在有机分析中，常利用偶联反应产生的颜色来鉴定具有苯酚或芳胺结构的药物。

复习题

一、选择题

1. 叔丁胺在分类上属于 ( )

A. 伯胺　　B. 仲胺　　C. 叔胺　　D. 季铵盐

2. 下列化合物为季铵盐的是（　　）

A. $(CH_3)_3NHCl$　　B. $(CH_3)_3N^+CH_2CH_3Cl^-$

C. $(CH_3CH_2)_4N^+OH^-$　　D. NH_4Cl

3. 下列化合物中，碱性最弱的是（　　）

A. 氨　　B. 二甲胺　　C. 苄胺　　D. 苯胺

4. 仅从电子效应考虑，伯、仲、叔胺的碱性强弱顺序为（　　）

A. 伯胺>仲胺>叔胺　　B. 仲胺>伯胺>叔胺

C. 叔胺>仲胺>伯胺　　D. 叔胺>伯胺>仲胺

5. 分离甲苯与苯胺的混合物，通常采用的方法是（　　）

A. 混合物与苯混合并振荡，再用分液漏斗分离

B. 混合物与水一起振荡，再用分液漏斗分离

C. 混合物与盐酸一起振荡，再用分液漏斗分离

D. 混合物与碳酸钠溶液一起振荡，再用分液漏斗分离

6. Hinsberg(兴斯堡)试剂是最重要的有机试剂之一，它用于检验（　　）

A. 醇类　　B. 炔类　　C. 胺类　　D. 烯类

7. 氯化重氮苯与β-萘酚进行偶联反应时，应在何种介质中进行（　　）

A. 弱碱性　　B. 弱酸性　　C. 强碱性　　D. 强酸性

8. 下列化合物不能发生酰化反应的是（　　）

A. $CH_3CH_2CH_2NH_2$　　B. $CH_3CH_2NHCH_3$

C. $CH_3CH_2N(CH_3)_2$　　D. 叔丁胺

9. 不能与氯化重氮苯发生偶联反应的是（　　）

A. *N*,*N*-二甲基苯胺　　B. 苯酚

C. 苯胺　　D. 硝基苯

10. 与亚硝酸作用可生成黄色的油状物或沉淀的化合物是（　　）

A. 三甲胺　　B. 二甲胺　　C. 甲胺　　D. 苯胺

11. 与 HNO_2 反应不产生 N_2 的是（　　）

A. 乙胺　　B. 尿素　　C. 甘氨酸　　D. 二乙胺

12. 下列化合物在水溶液中碱性最强的是（　　）

A. NH_3　　B. CH_3NH_2　　C. $(CH_3)_2NH$　　D. $(CH_3)_3N$

13. 重氮盐在低温下与芳胺或酚类的偶联反应属于（　　）

A. 亲电加成　　B. 亲核加成　　C. 亲电取代　　D. 亲核取代

14. 酰胺进行霍夫曼(Hoffmann)降解反应，可用于制备（　　）

A. 少一个碳原子的酰胺　　B. 少一个碳原子的伯胺

C. 少一个碳原子的腈　　D. 少一个碳原子的仲胺

15. 下列消除反应属于顺式共平面消除的是（　　）

A. 季铵碱的霍夫曼消除　　B. 氧化叔胺的 Cope 消除

C. 卤代烃的 E2 消除　　D. 醇的 E1 消除

二、命名下列化合物

1. $(CH_3)_2CHNH_2$

2. $C_6H_5—N(CH_3)_2$

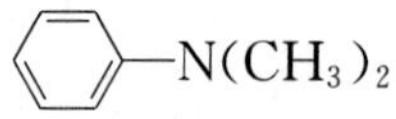

3. 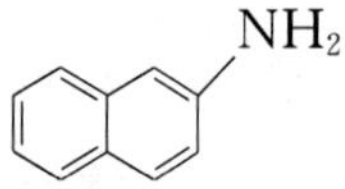 2-萘胺（萘环—NH_2）

4. 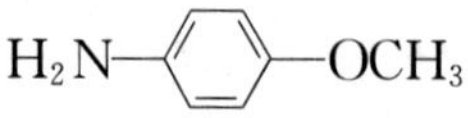 $H_2N—C_6H_4—OCH_3$

5. 环戊基—$N(CH_3)(C_2H_5)$

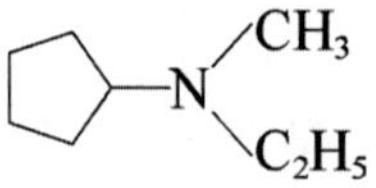

6. $HOCH_2CH_2N^+(CH_3)_3OH^-$

7. Ph—N═N—Ph

8. 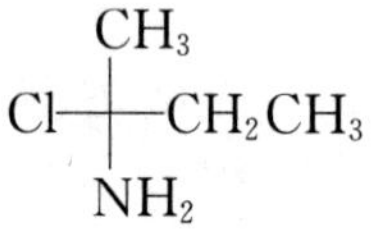 $Cl—C(CH_3)(NH_2)—CH_2CH_3$ （R/S）

9. $C_6H_5\overset{+}{N}(CH_3)_2C_6H_5NO_3^-$

10. 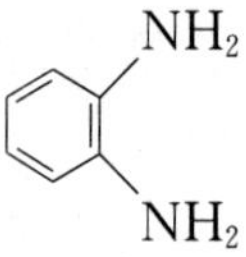 邻苯二胺（$C_6H_4(NH_2)_2$）

三、完成下列反应方程式

1.  $C_6H_5—NH_2 + (CH_3CO)_2O \longrightarrow$

2. $C_6H_5—CH_2NH_2 \xrightarrow[HCl]{NaNO_2}$

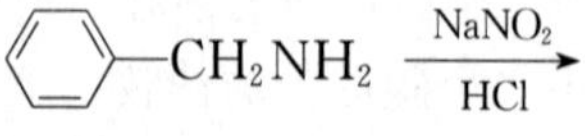

3. 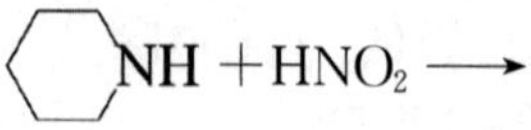 六氢吡啶（哌啶，NH）$+ HNO_2 \longrightarrow$

4. 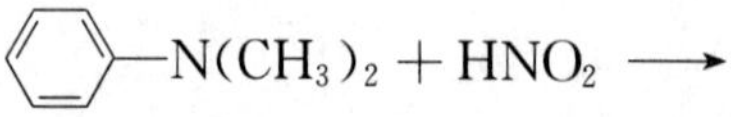 $C_6H_5—N(CH_3)_2 + HNO_2 \longrightarrow$

5. 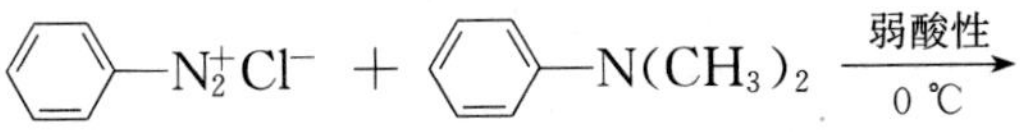 $C_6H_5-N_2^+Cl^- + C_6H_5-N(CH_3)_2 \xrightarrow[0\ ℃]{弱酸性}$

6. 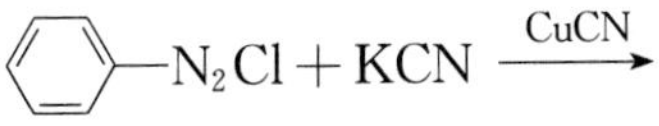 $C_6H_5-N_2Cl + KCN \xrightarrow{CuCN}$

*7. $C_6H_5CH_2CH_2N^+(C_2H_5)(CH_3)_2OH^- \xrightarrow{\triangle}$

*8. 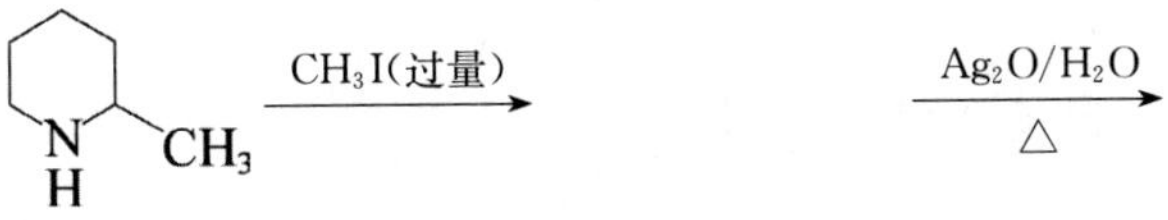 2-甲基哌啶 $\xrightarrow{CH_3I(过量)}$ $\xrightarrow[\triangle]{Ag_2O/H_2O}$

*9. $CH_3CH_2-N^{\oplus}(CH_3)(O^{\ominus})-CH_2CH_2CH_3 \xrightarrow{\triangle}$

*10. 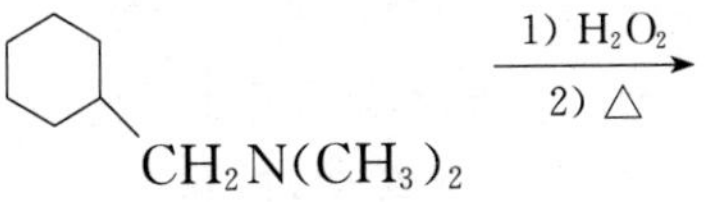 环己基-$CH_2N(CH_3)_2$ $\xrightarrow[2)\ \triangle]{1)\ H_2O_2}$

四、由指定原料合成

1. 由苯、甲苯及不超过 4 个碳的有机原料和必要无机试剂合成下列化合物。

(1) 间氯溴苯

(2) 间溴苯酚

(3) 1,3,5-三溴苯

(4) 2,4,6-三溴苯甲酸

2. 由甲苯合成对氨基苯乙酸。

3. 以甲苯和萘以及必要无机试剂制备苄胺。

4. 以甲苯和苯以及必要无机试剂制备 *N*-苯基苄胺。

五、推断题

1. 分子式为 $C_{14}H_{13}NO$ 的化合物 A，不溶于水，A 与 NaOH 溶液在一起回流时慢慢溶解，同时有油状化合物浮在液面上。用水蒸气蒸馏法将油状物分出，得到化合物 B，B 能溶于稀盐酸，与对甲苯磺酰氯作用，生成不溶于碱的沉淀，把去掉 B 以后的碱性溶液酸化，有化合物 C 分出，C 能溶于碳酸钠，试推导 A、B、C 的结构式。

2. 化合物 A 的分子式为 $C_7H_{15}N$，与碘甲烷反应，再经湿氧化银处理，得到 B，B 加热到 250 ℃得 C($C_8H_{17}N$)，将 C 重复以上实验，得到 2，3-二甲基-1，3-丁二烯和三甲胺，试推导 A、B、C 的结构式。

参考答案

一、选择题

1. A **2.** B **3.** D **4.** C **5.** C **6.** C **7.** A **8.** C **9.** D **10.** B **11.** D **12.** C **13.** C **14.** B **15.** B

二、命名下列化合物

1. 异丙胺　　　　　　　　2. *N*,*N*-二甲基苯胺
3. *β*-萘胺　　　　　　　4. 对甲氧基苯胺
5. 甲基乙基环戊胺　　　　6. 氢氧化羟乙基三甲基铵
7. 偶氮苯　　　　　　　　8. *S*-2-氯-2-丁胺
9. 硝酸二甲基二苯基铵　　10. 邻苯二胺

三、完成下列反应方程式

1. 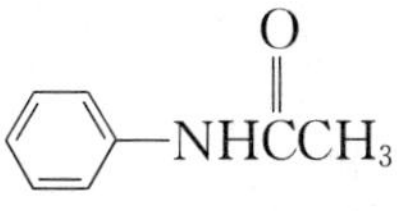 $C_6H_5-NHCOCH_3$　　2. $C_6H_5-CH_2OH$

3. 哌啶基—N—NO　　4. $ON-C_6H_4-N(CH_3)_2$

5. $C_6H_5-N=N-C_6H_4-N(CH_3)_2$　　6. 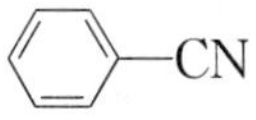 C_6H_5-CN

7. $C_6H_5CH=CH_2+C_2H_5N(CH_3)_2$　　8. 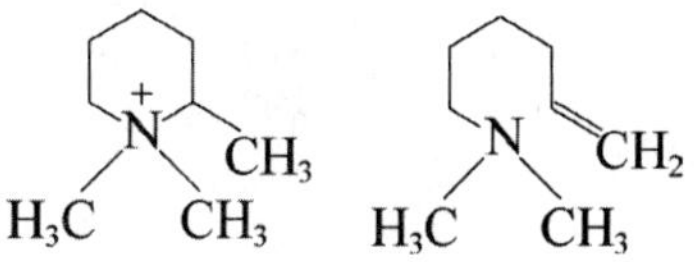 （$\overset{+}{N}$，CH_3，H_3C，CH_3）　（N，CH_2，H_3C，CH_3）

9. $CH_2=CH_2+$ HO—N　　10. 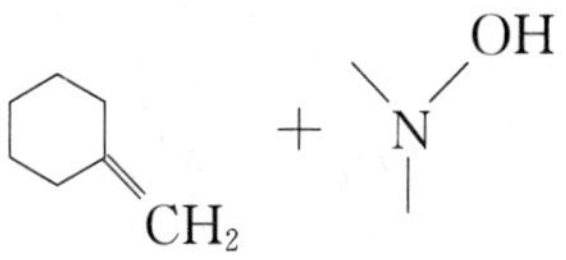 （CH_2）＋ N—OH

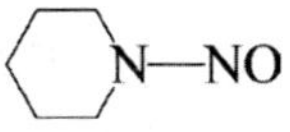

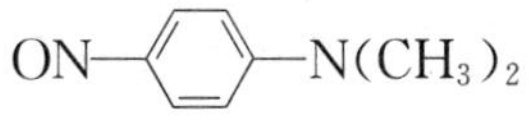

四、由指定原料合成

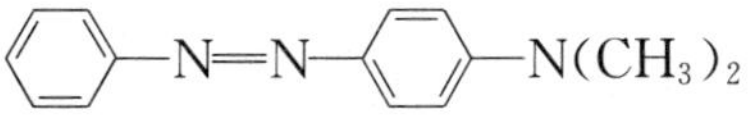

1. 由苯、甲苯及不超过4个碳的有机原料和必要无机试剂合成下列化合物。

(1) 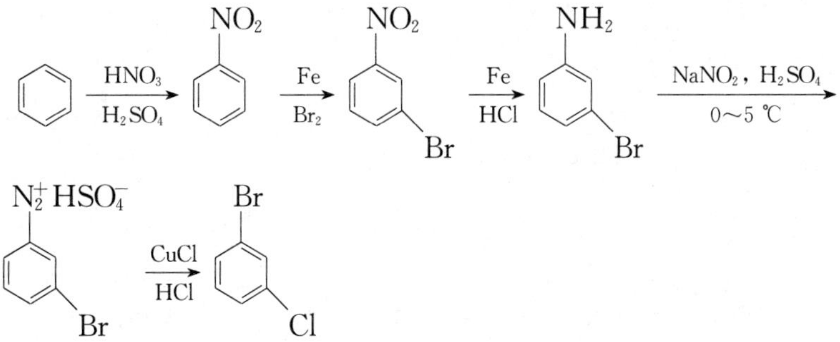 $\xrightarrow[H_2SO_4]{HNO_3}$ （NO_2）$\xrightarrow[Br_2]{Fe}$ （NO_2，Br）$\xrightarrow[HCl]{Fe}$ （NH_2，Br）$\xrightarrow[0\sim5\ ℃]{NaNO_2,\ H_2SO_4}$ （$N_2^+HSO_4^-$，Br）$\xrightarrow[HCl]{CuCl}$ （Br，Cl）

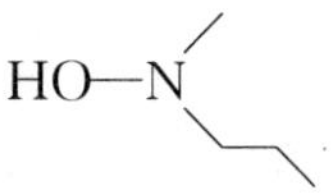

(2) $\xrightarrow[H_2SO_4]{HNO_3}$ （NO_2）$\xrightarrow[Br_2]{Fe}$ （NO_2，Br）$\xrightarrow[HCl]{Fe}$ （NH_2，Br）$\xrightarrow[0\sim5\ ℃]{NaNO_2,\ H_2SO_4}$ （$N_2^+HSO_4^-$，Br）$\xrightarrow[H^+]{H_2O}$ （OH，Br）

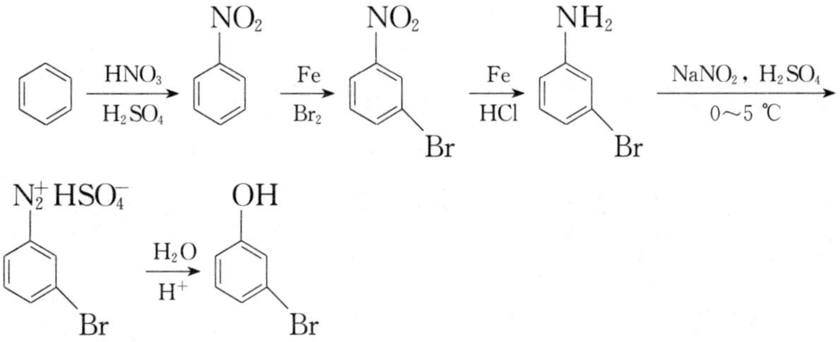

(3) $C_6H_6 \xrightarrow[H_2SO_4]{HNO_3} C_6H_5NO_2 \xrightarrow[Br_2]{Fe} C_6H_5NH_2 \xrightarrow{Br_2/H_2O}$ 2,4,6-$Br_3C_6H_2NH_3$ $\xrightarrow[0\sim5\ ℃]{NaNO_2,\ H_2SO_4}$

2,4,6-$Br_3C_6H_2N_2^+HSO_4^-$ $\xrightarrow{H_3PO_2}$ 1,3,5-$C_6H_3Br_3$

(4) $C_6H_6 \xrightarrow[H_2SO_4]{HNO_3} C_6H_5NO_2 \xrightarrow[HCl]{Fe} C_6H_5NH_2 \xrightarrow{Br_2/H_2O}$ 2,4,6-$Br_3C_6H_2NH_2$ $\xrightarrow[0\sim5\ ℃]{NaNO_2,\ H_2SO_4}$

2,4,6-$Br_3C_6H_2N_2^+HSO_4^-$ $\xrightarrow[KCN]{CuCN}$ 2,4,6-$Br_3C_6H_2CN$ $\xrightarrow[H^+]{H_2O}$ 2,4,6-$Br_3C_6H_2COOH$

2. $C_6H_5-CH_3 \xrightarrow[HNO_3]{H_2SO_4} O_2N-C_6H_4-CH_3 \xrightarrow[光照]{Cl_2} O_2N-C_6H_4-CH_2Cl$

$\xrightarrow[2)\ H_3O^+]{1)\ NaCN} O_2N-C_6H_4-CH_2COOH \xrightarrow[HCl]{Fe} H_2N-C_6H_4-CH_2COOH$

3. $C_6H_5-CH_3 \xrightarrow[h\upsilon]{Br_2} C_6H_5-CH_2Br$

萘 $\xrightarrow[V_2O_5，一定温度和压力]{O_2}$ 邻苯二甲酸酐 $+NH_3 \longrightarrow$ 邻苯二甲酰亚胺（NH） $\xrightarrow{NaOH}$

邻苯二甲酰亚胺钠（$\overset{\ominus\ \oplus}{NNa}$） $\xrightarrow{PhCH_2Br}$ N—CH_2Ph $\xrightarrow[\triangle]{OH^-} C_6H_5-CH_2NH_2$

4. $C_6H_6 \xrightarrow[HNO_3]{H_2SO_4} C_6H_5-NO_2 \xrightarrow{Fe/HCl} C_6H_5-NH_2$

$C_6H_5-CH_3 \xrightarrow[H^+]{KMnO_4} C_6H_5-COOH \xrightarrow{SOCl_2} C_6H_5-\overset{O}{\overset{\|}{C}}-Cl$

$\xrightarrow{PhNH_2} C_6H_5-\overset{O}{\overset{\|}{C}}-NH-C_6H_5 \xrightarrow[2)\ H_2O]{1)\ LiAlH_4} C_6H_5-CH_2NH-C_6H_5$

五、推断题

1. A. 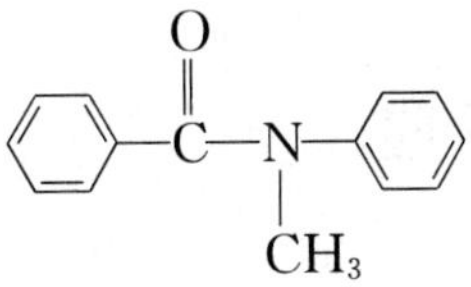 O, C—N, CH_3　B. —NH—CH_3　C. —COOH

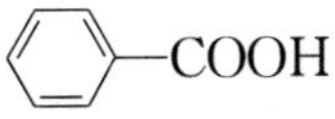

2. 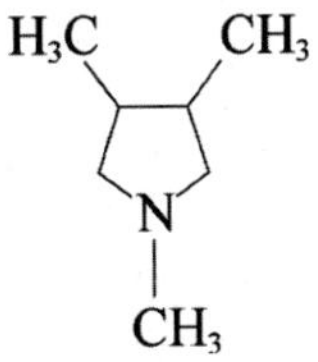 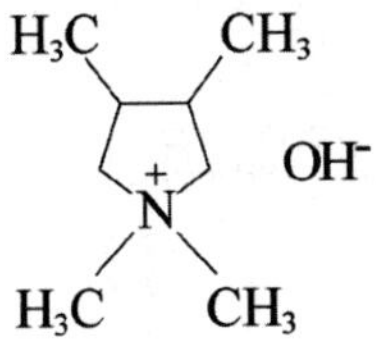 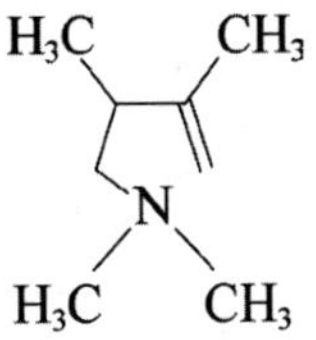 A: H_3C, CH_3, N, CH_3　B: H_3C, CH_3, $\overset{+}{N}$, OH^-, H_3C, CH_3　C: H_3C, CH_3, N, H_3C, CH_3

A　　B　　C

(陈冬生)

第十四章　协同反应

知识点总结

一、定义

化学反应中有一类反应，键的断裂和形成是同时发生的，叫协同反应。

协同反应的特征：

1. 反应过程中无中间体生成，既不是自由基也不是离子型，旧键断裂与新键生成同时进行，为多中心一步反应。

2. 反应条件一般只需加热或光照，反应速率极少受溶剂极性和酸碱催化剂的影响，也不受自由基引发剂和抑制剂的影响。

3. 反应通过一个环状过渡态一步完成。

4. 加热和光照条件下得到的产物具有不同的立体选择性，具有高度立体专一性。

协同反应的主要反应类别：电环化反应、环加成反应、σ-迁移反应。

二、电环化反应

开链共轭烯烃在一定条件下（热或光）环合及其逆反应叫做电环化反应。

丁二烯型化合物：

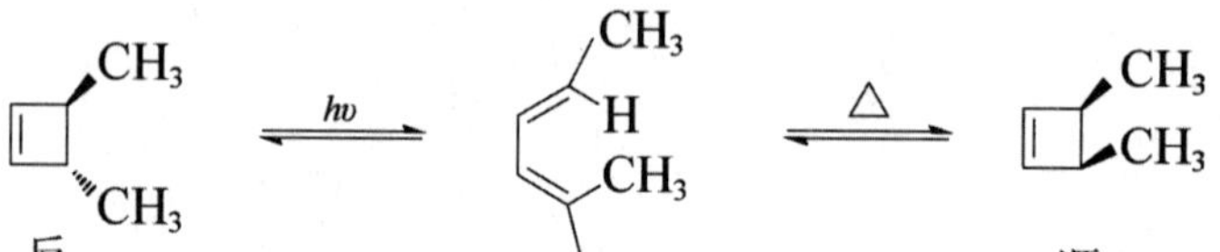

反　　　　顺

丁二烯型化合物的加热电环化反应：

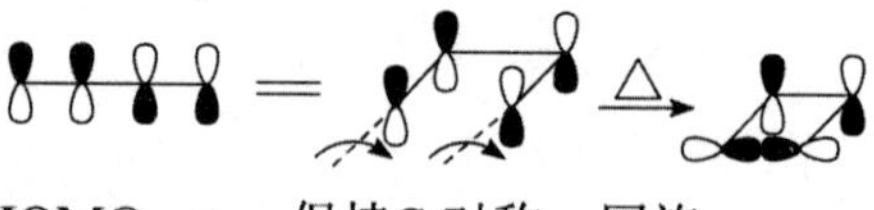

HOMO π_2　保持C_2对称，同旋

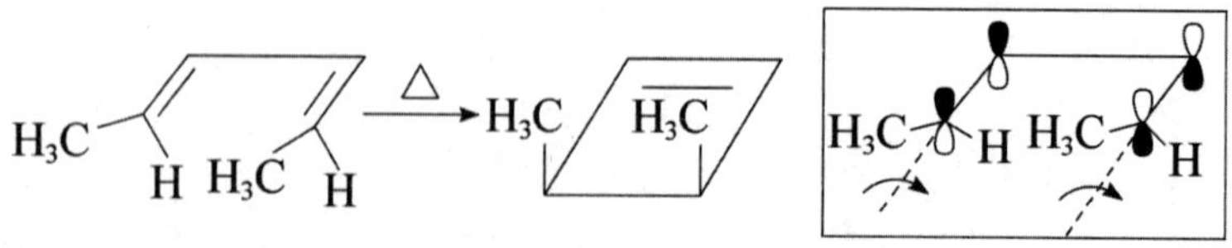

丁二烯型化合物的光照电环化反应：

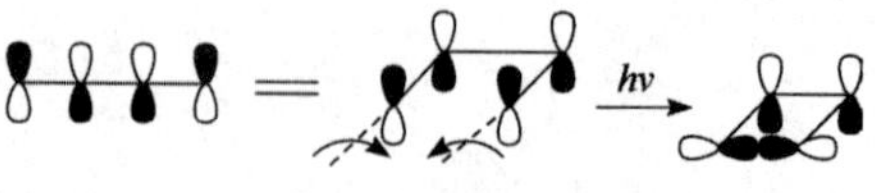

HOMO π_3　保持m对称，对旋

己三烯型化合物：

顺　　　　反

己三烯型化合物的加热电环化反应：

HOMO π_3

保持m对称，对旋

己三烯型化合物的光照电环化反应：

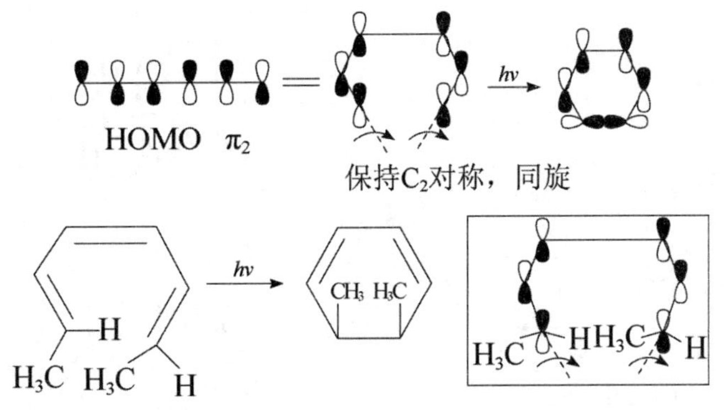

一般具有 $4n$ 个 π 电子的共轭体系的相应前沿轨道对称性与 1,3-丁二烯相同，具有 $4n+2$ 个 π 电子的共轭体系的前沿轨道对称性与 1,3,5-己三烯的相同。

电环化反应规则：

	△	$h\nu$
$4n$	同旋	对旋
$4n+2$	对旋	同旋

三、环加成反应

在光或热作用下，两分子含有碳碳不饱和键的化合物组合成环的反应称为环加成反应。

（一）4+2 环加成(Diels-Alder Reaction)

同面-同面加成，加热对称允许。有明显的立体选择性，立体化学为同面-同面加成，反应在共轭烯平面同侧和单烯同侧进行

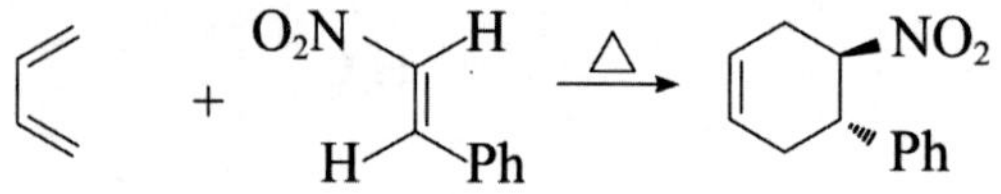

O_2N　H　NO_2
H　Ph　Ph

（二）2+2 环加成

同面-同面加成，光照对称允许。

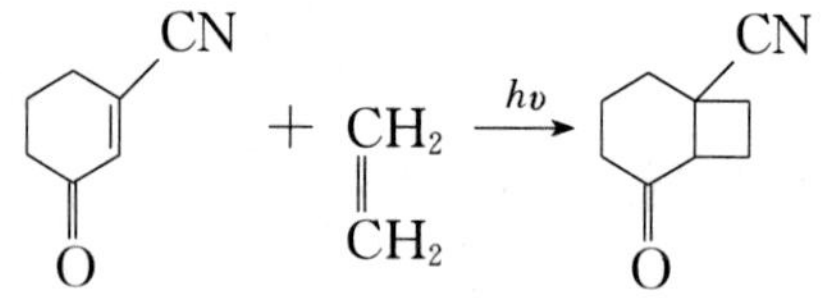

CN　+ CH_2=CH_2 $\xrightarrow{h\nu}$ CN
O　O

复习题

写出下列反应的产物

1. 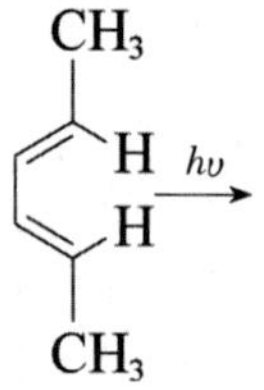 CH_3 H H CH_3 $\xrightarrow{h\nu}$

2. 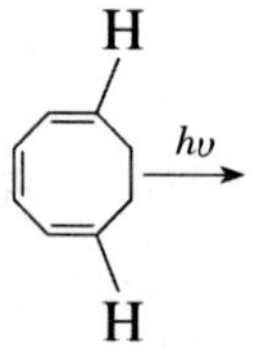 H H $\xrightarrow{h\nu}$

3. CH_3 CH_3 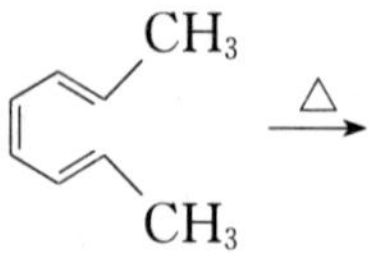 $\xrightarrow{\triangle}$

4. 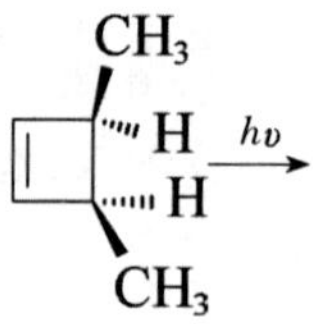 CH_3 H H CH_3 $\xrightarrow{h\nu}$

5. 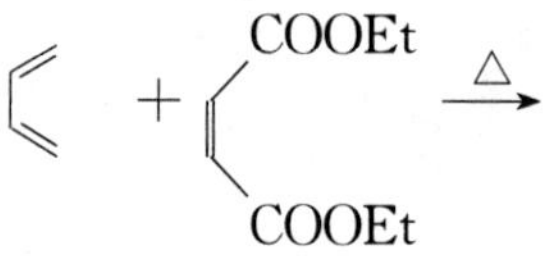 + COOEt COOEt $\xrightarrow{\triangle}$

6. 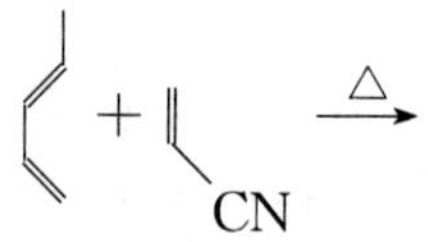 + CN $\xrightarrow{\triangle}$

7. 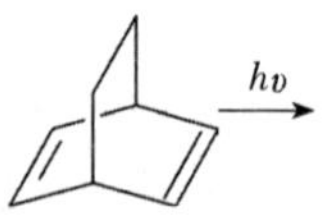 $\xrightarrow{h\nu}$

8. 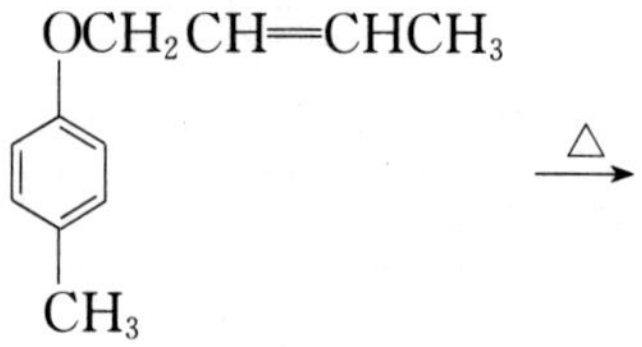 $OCH_2CH{=}CHCH_3$ CH_3 $\xrightarrow{\triangle}$

9. 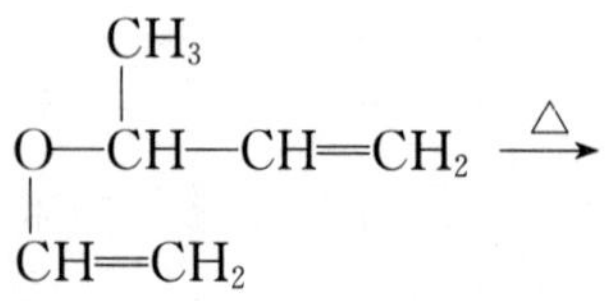 $O{-}\underset{|}{\overset{CH_3}{|}}{CH}{-}CH{=}CH_2$ $\xrightarrow{\triangle}$
$CH{=}CH_2$

10. 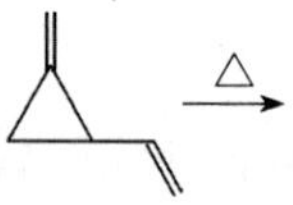 $\xrightarrow{\triangle}$

11.

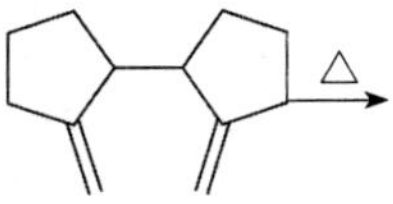

12. 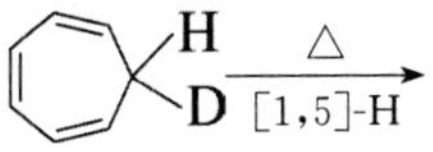 H D $\xrightarrow[\text{[1,5]-H}]{\triangle}$

参考答案

写出下列反应的产物

1. 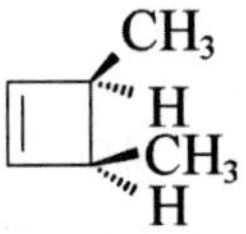 CH_3 H CH_3 H

2. 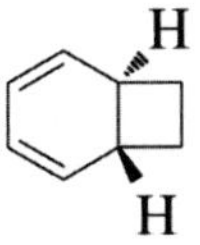 H H

3. CH_3 CH_3

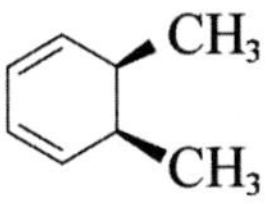

4. 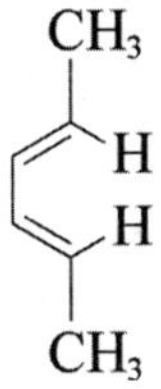 CH_3 H H CH_3

5. 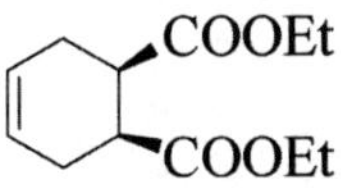 COOEt COOEt

6. 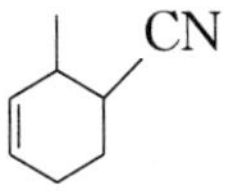 CN

7.

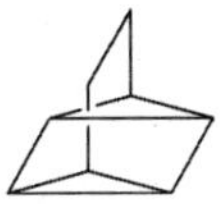

8. 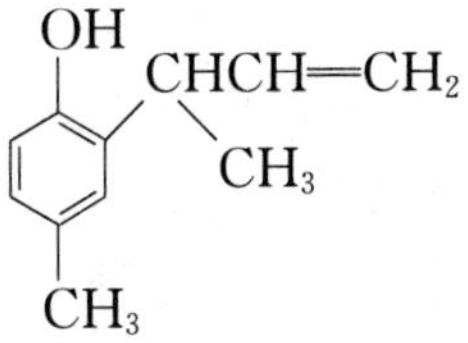 OH CHCH=CH$_2$ CH_3 CH_3

9. $CH_3CH=CH-CH_2CH_2CHO$

10.

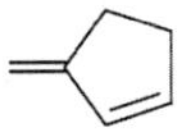

11.

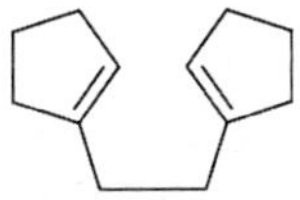

12. 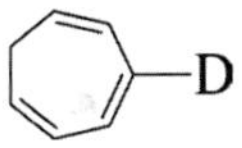 D

(陈冬生)

第十五章　杂环化合物

一、定义和分类

分子由碳原子和其他原子共同组成环的化合物称为杂环化合物。杂环中的非碳原子称为杂原子，最常见的杂原子有 N、O、S 等。根据环数的多少分为单杂环和多杂环。单杂环又可根据成环原子数的多少分为五元杂环及六元杂环等；多杂环包括稠杂环、桥杂环及螺杂环，其中以稠杂环较为常见。

二、命名

杂环化合物的命名使用的是“音译法”，即按英文的读音，用同音汉字加上“口”字旁表示杂环的名称。杂环母环的编号规则：单杂环从杂原子开始编号；有几个不同的杂原子时，则按 O、S、N 的先后顺序编号，并使杂原子的编号尽可能小；有些稠杂环母环有特定的名称和编号原则。

三、五元杂环化合物

吡咯、呋喃和噻吩都是平面的五元环结构，4 个碳原子和 1 个杂原子都以 sp^2 杂化。杂原子的 p 轨道（有 2 个电子）与各碳原子的 4 个 p 轨道相互侧面重叠，形成一个五原子六电子的富电子闭合共轭体系，π 电子数符合休克尔规则，具有芳香性。由于电负性的原因，杂环上的电子云密度分布没有苯均匀，所以芳香性都比苯环差。杂环上碳原子电子云密度比苯环的大，因而亲电取代反应比苯容易进行，亲电取代反应主要发生在 α 位上。吡咯氮原子上的氢具有弱酸性。吡咯重要的衍生物有血红素、叶绿素等。

四、六元杂环化合物

吡啶环上的 5 个碳原子和 1 个氮原子也都以 sp^2 杂化轨道相互重叠，形成以 σ 键相连的环平面。环上每个原子的 p 轨道相互侧面重叠，且垂直于环平面，构成具有 6 个电子的闭合共轭体系。与吡咯不同的是，吡啶环上氮原子的未共用电子对占据着 sp^2 杂化轨道，没有参与环的共轭。吡啶的结构也符合休克尔规则，因此具有芳香性。由于环中氮原子的电负性比碳原子大，所以环上碳原子电子云密度降低，形成缺 π 芳杂环，它的亲电取代反应比苯难进行，主要发生在 β 位。吡啶显碱性，吡啶的碱性比脂肪胺和氨弱，而近似于芳胺。吡啶环上的电子云密度因氮原子的存在而降低，因此环对氧化剂比较稳定。当环上有烃基时，烃基容易被氧化。

五、稠杂环化合物

吲哚具有芳香性，性质与吡咯相似。酸性（$pK_a=17.0$）与吡咯相当。其亲电取代反应在杂环上进行，取代基主要进入 β 位。

喹啉为无色油状液体，有特殊气味。异喹啉为无色油状液体。它们微溶于水，易溶于有机溶剂。喹啉（$pK_a=4.90$）的碱性比吡啶弱，异喹啉（$pK_a=5.42$）的碱性比吡啶强。

嘌呤为无色结晶，易溶于水，难溶于有机溶剂。嘌呤既有碱性（$pK_a=2.30$）又有弱酸性（$pK_a=8.90$），因此能分别与强酸或强碱生成盐。

复习题

一、选择题

1. 下列化合物中，碱性最弱的是　　（　　）

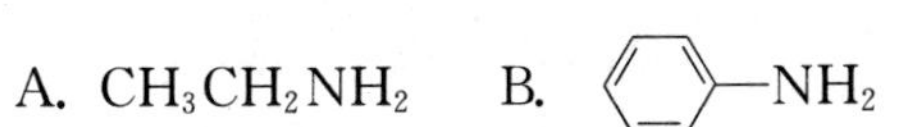

A. $CH_3CH_2NH_2$　B. （苯胺）$-NH_2$　C. 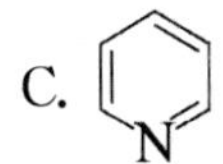　D.  （吡咯）N H

2. 下列化合物中，碱性最强的是　　（　　）

A. 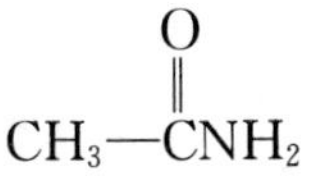 $CH_3-\overset{O}{\overset{\|}{C}}NH_2$　B. 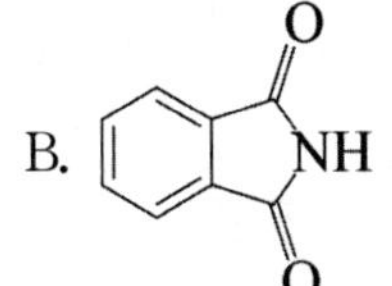

C. 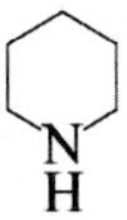 （哌啶）N H　D. 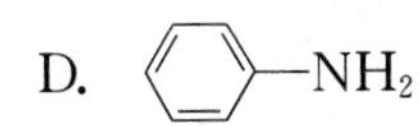

3. 下列杂环化合物中没有芳香性的是　　（　　）

A. 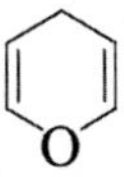 （吡喃）O　B. 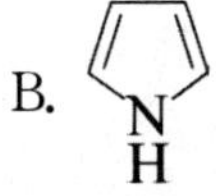　C.  （呋喃）O　D. 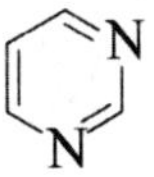 （嘧啶）N N

4. 下列化合物中，发生亲电取代反应速度最快的是　　（　　）

A. 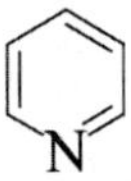 （吡啶）N　B.  （苯）　C.  （吡咯）N H　D. 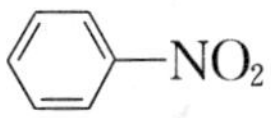 （硝基苯）$-NO_2$

5. 在叶绿素和血红素中存在的杂环基本单元是　　（　　）

A. 呋喃　B. 嘧啶　C. 吡咯　D. 嘌呤

二、命名下列化合物

1. 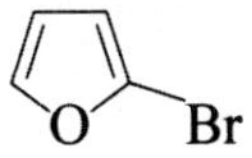 （呋喃环）O Br

2. 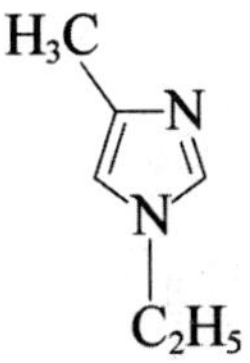 H_3C N N C_2H_5

3. 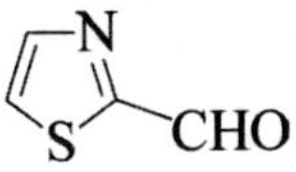 N S CHO

4. 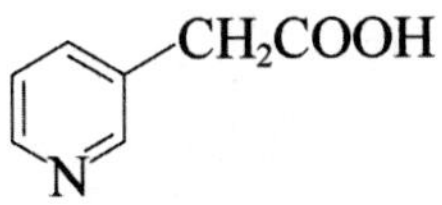 CH_2COOH N

5. 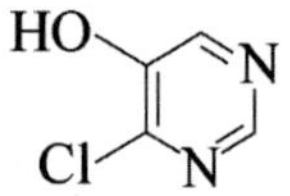 (structure: 4-chloro-5-hydroxypyrimidine; labels HO, N, Cl, N)

6. 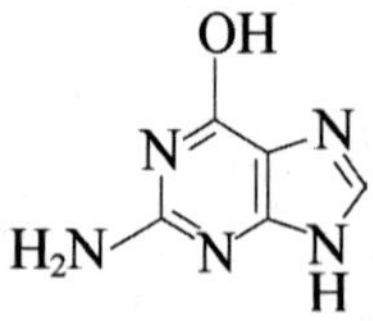 (structure: labels OH, N, N, H_2N, N, N, H)

三、写出下列反应的产物

1. 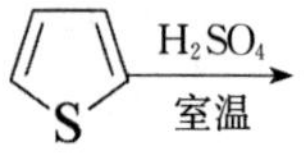 (thiophene) $\xrightarrow[\text{室温}]{H_2SO_4}$

2. 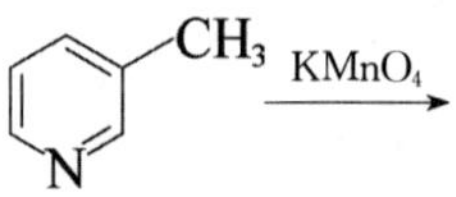 (3-methylpyridine, CH_3) $\xrightarrow{KMnO_4}$

3. 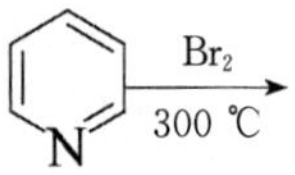 (pyridine) $\xrightarrow[300\ ℃]{Br_2}$

4. (2-chloropyridine, Cl) $\xrightarrow[CH_3OH]{CH_3ONa}$

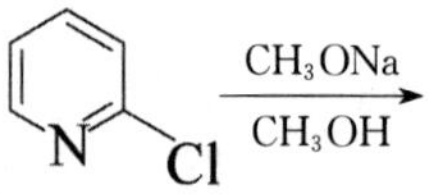

5. 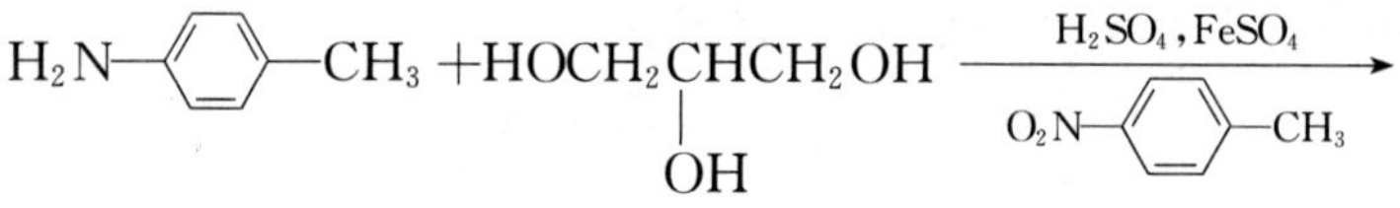 $H_2N-C_6H_4-CH_3 + HOCH_2CHCH_2OH$ (OH on central carbon) $\xrightarrow[O_2N-C_6H_4-CH_3]{H_2SO_4, FeSO_4}$

四、比较下列各化合物中不同氮原子的碱性强弱

1. 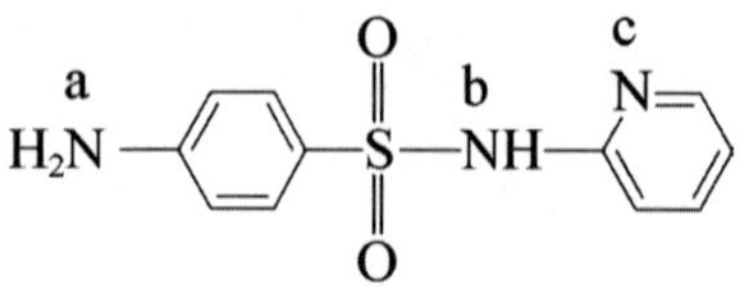 H_2N(a)$-C_6H_4-SO_2-NH$(b)$-$(2-pyridyl, N c)

2. (structure: labels a NH_2, O, c N, b N, N H d)

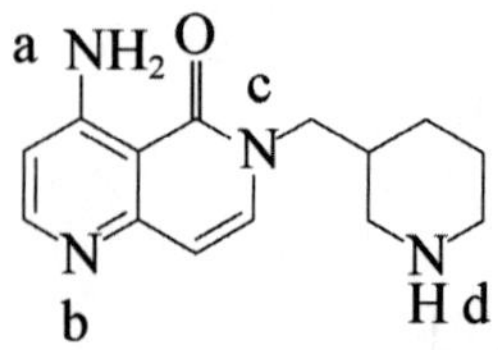

参考答案

一、选择题

1. D　**2.** C　**3.** A　**4.** C　**5.** C

二、命名下列化合物

1. 2-溴呋喃　　**2.** *N*-乙基 4-甲基咪唑

3. 2-噻唑甲醛　　**4.** *β*-吡啶乙酸

5. 5-羟基-4-氯嘧啶　　**6.** 2-氨基-6-羟基嘌呤

三、写出下列反应的产物

1. S　SO_3H

2. 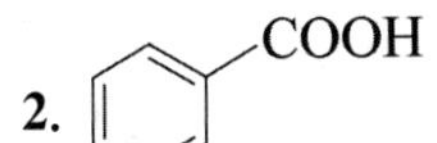

3. Br　N

4. N　OCH_3

5. H_3C　N

四、比较下列各化合物中不同氮原子的碱性强弱

1. c>a>b　**2.** d>b>a>c

(陈冬生)

第十六章　糖　类

知识点总结

定义：多羟基醛或酮以及其缩聚物的总称。

分类：糖类根据其能否水解及水解后产物的情况分成单糖、低聚糖、多糖。

（一）单糖

1. 单糖的结构

单糖是不能再被水解的糖，如葡萄糖和果糖。单糖的结构常用开链式和环状式表示。单糖的开链式常用 Fischer 投影式表示，环状式常用 Haworth 式和构象式表示。糖的构型常采用 D、L 进行标记，其构型确定是以甘油醛为标准，即离羰基最远的手性碳原子上的羟基在 Fischer 投影式的右侧为 D 构型，在左侧为 L 构型。

单糖由开链式转变成环状结构时，可形成 α 和 β 两种端基异构体，正是由于在溶液中单糖的开链式结构和环状结构之间可形成一个互变平衡体系，所以单糖有变旋光现象。α 和 β 两种异构体均可用 Fischer 投影式、Haworth 式和构象式表示。

以 D-葡萄糖为例说明端基异构体及其环状结构表示法。在 Fischer 投影式中，半缩醛羟基在碳链右侧叫 α 型，在左侧叫 β 型。在 Haworth 式中，半缩醛羟基与 C_5 上的羟甲基（$—CH_2OH$）处在六元环平面两侧称为 α-异构体，在同侧的称为 β-异构体。在构象式中，半缩醛羟基处在 a 键，称为 α-异构体，处在 e 键，称为 β-异构体，故 β-异构体比 α-异构体更稳定。表示如下：

α–异构体

β–异构体

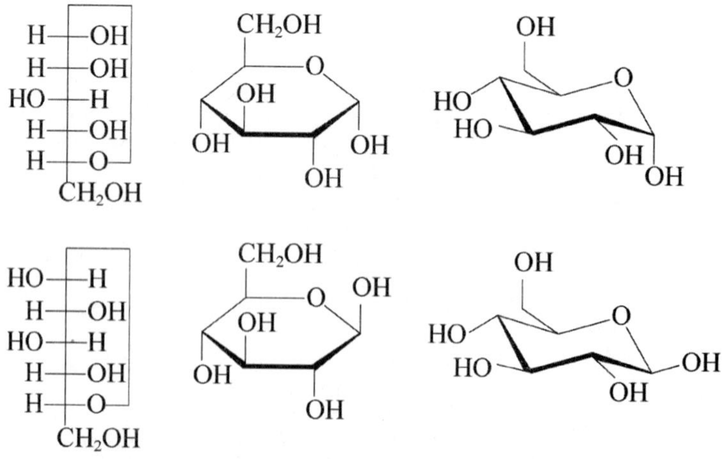

Fischer式　　Haworth式　　构象式

2. 单糖的化学性质

单糖分子中含有羰基和羟基，故具有羰基和羟基的化学性质。

(1) 成苷反应：环状糖分子内含有一个半缩醛羟基，当它在干燥 HCl 里与醇羟基脱水缩合生成缩醛，糖的缩醛称为糖苷。糖苷是比较稳定的化合物，在水中不能转化为开链结构，因此糖苷没有变旋光现象，也不易被氧化，是非还原糖。对碱稳定，但在酸和酶的作用下生成原来的糖和非糖(醇)部分。

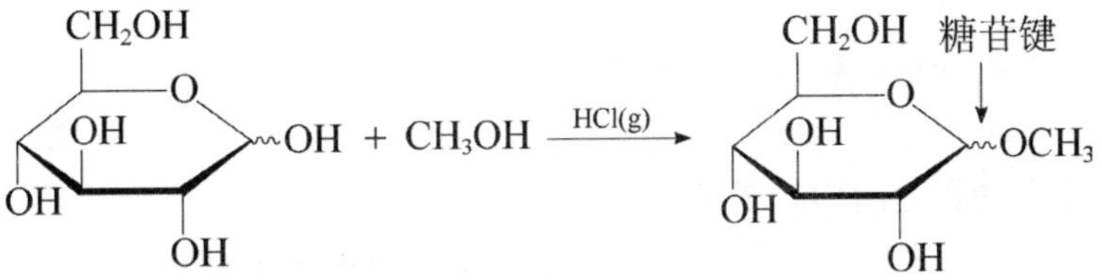

CH_2OH O OH OH OH ~OH + CH_3OH $\xrightarrow{HCl(g)}$ CH_2OH O OH OH OH ~OCH_3（糖苷键）

(2) 氧化反应：单糖容易被碱性弱氧化剂氧化，如 Tollens 试剂、Fehling 试剂、Benedict 试剂分别生成银镜或砖红色氧化亚铜沉淀。酮糖在碱性条件下能通过异构化作用转变为醛糖，所以也容易被弱氧化剂所氧化。凡能被这些弱氧化剂氧化的糖称还原糖。所有的单糖都是还原糖。

溴水可氧化醛糖生成糖酸，由于该反应是在酸性条件下，所以糖不发生差向异构，因此，溴水不能氧化酮糖，可用此反应区别醛糖和酮糖。

稀硝酸的氧化性比溴水强，能将糖的醛基(—CHO)和端基伯醇羟基(—CH_2OH)氧化成羧基，生成二元羧酸，称为糖二酸。

(3) 在酸性条件下的脱水反应：单糖和无机酸(12%HCl)一起加热，脱水生成糠醛或其衍生物。例如戊醛糖生成呋喃甲醛(糠醛)。

(4) 糖的差向异构：用碱的水溶液处理 D-葡萄糖，经过数天放置后，就会得到 D-葡萄糖、D-甘露糖和 D-果糖的混合物。D-葡萄糖和 D-甘露糖分子中有三个手性碳构型完全相同，只有一个手性碳不同，这种仅有一个手性碳构型不同的非对映异构体称为差向异构体。异构化过程是通过单糖和烯二醇结构之间建立的平衡而转化的。

(二) 双糖

双糖是由两个单糖通过苷键相连而成的化合物，其连接方式有两种：

1. 还原性双糖由一分子单糖的半缩醛羟基与另一分子单糖的醇羟基之间脱去一分子水，这样形成的双糖分子中仍保留着一个半缩醛羟基，所以具有变旋光现象，能与 Tollens 试剂、Fehling 试剂发生反应，故称还原性双糖。重要的还原性双糖有麦芽糖、纤维二糖和乳糖。

2. 非还原性双糖由两分子单糖的半缩醛羟基之间脱去一分子水而相互连接。由于分子中没有半缩醛羟基，故没有还原性和变旋光现象，称为非还原性双糖。蔗糖是重要的非还原性双糖，它是由 α-D-吡喃葡萄糖 C_1 半缩醛羟基和 β-D-呋喃果糖 C_2 的半缩酮羟基脱水而生成的，这种苷键称为 α，β-1,2-苷键。

(三) 多糖

多糖是自然界分布最广的糖类。淀粉、纤维素和糖原的基本组成单位都是 D-葡萄糖。淀粉由多个 α-D-吡喃葡萄糖通过 α-1,4-苷键所连接(直链淀粉)，若由 α-1,4-苷键和 α-1,6-苷键结合，则形成支链淀粉或糖原，但糖原的分支程度更高。淀粉遇碘显蓝色。纤维素是由多个 β-D-葡萄糖通过 β-1,4-苷键连接而成。多糖具有重要的生理功能。

复习题

一、选择题

1. 自然界存在的糖一般为 (　　)

A. D-构型　　B. L-构型　　C. *R*-构型　　D. *S*-构型

2. 下列糖中最稳定的构象式是 (　　)

A.

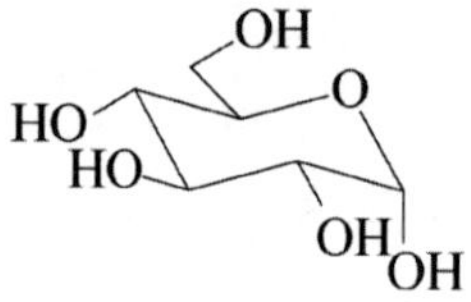

B.

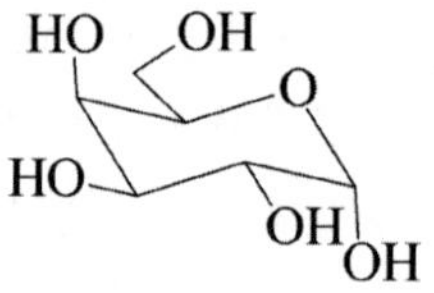

C.

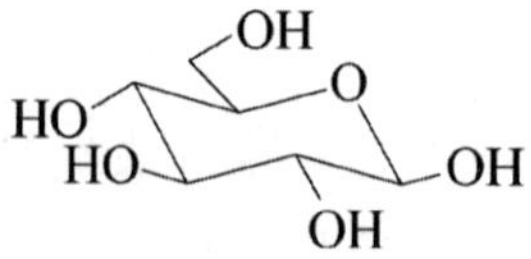

D.

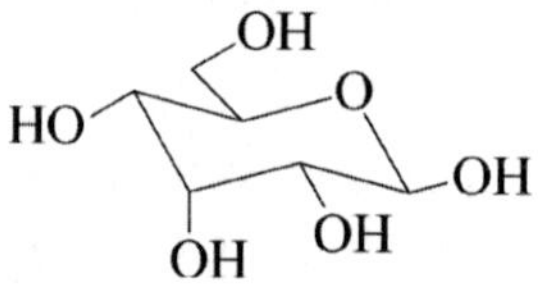

3. 糖在人体的储存形式是 (　　)

A. 葡萄糖　　B. 蔗糖　　C. 糖原　　D. 麦芽糖

4. α-D-吡喃葡萄糖的 Haworth 式为 (　　)

A.

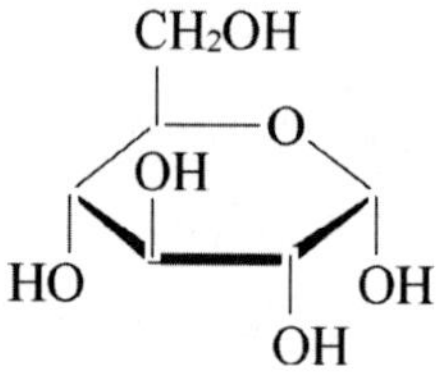

B.

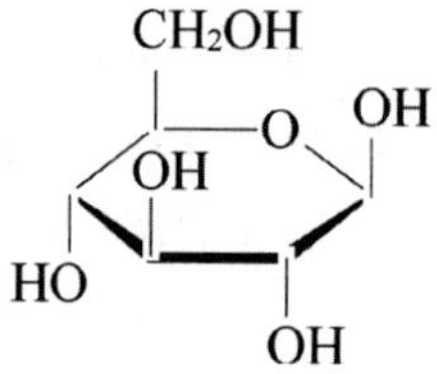

C.

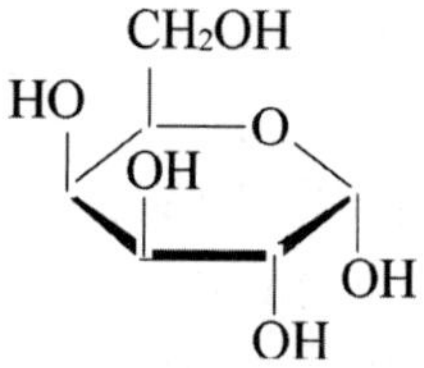

D.

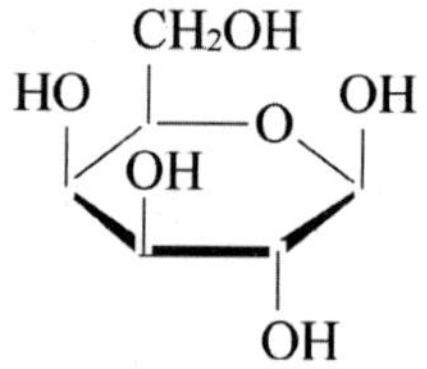

5. 下列糖与 HNO_3 反应后，产生内消旋体的是 (　　)

A. 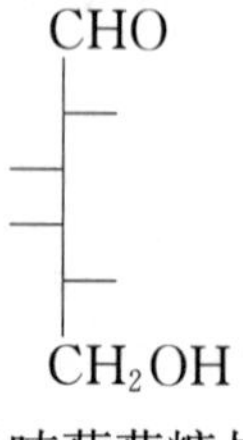　　B. 　　C. 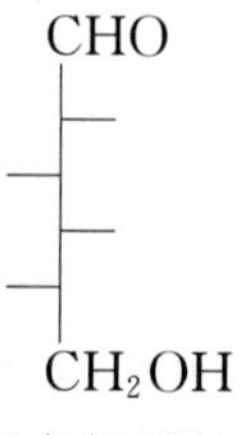　　D.

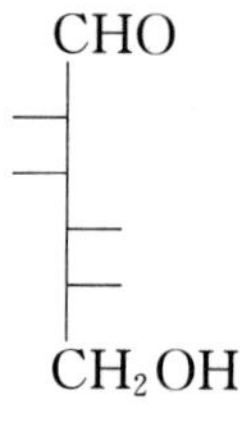

6. D-吡喃葡萄糖与 1 mol 无水乙醇和干燥 HCl 反应得到的产物属于 (　　)

A. 醚　　B. 酯　　C. 缩醛　　D. 半缩醛

7. 下列叙述正确的是 (　　)

A. 糖类又称为碳水化合物，都符合 $C_m(H_2O)_n$ 通式

B. 葡萄糖和果糖具有相同分子式

C. α-D-葡萄糖和 β-D-葡萄糖溶于水后，比旋光度都会增大

D. 葡萄糖分子中含有醛基，在干燥 HCl 下，与 1 mol 甲醇生成半缩醛，与 2 mol 甲醇生成缩醛

8. 下列糖类化合物中不会发生变旋光现象的是 (　　)

A. D-葡萄糖　　B. D-果糖

C. D-半乳糖　　D. α-D-甲基葡萄糖苷

9. 下列二糖分子是通过 β-1,4-苷键形成的是 (　　)

A. 纤维二糖　　B. 麦芽糖　　C. 乳糖　　D. 蔗糖

10. 下列糖不能发生银镜反应的是 (　　)

A. 麦芽糖　　B. 纤维二糖　　C. 乳糖　　D. 蔗糖

二、是非题

1. 变旋光现象是由于糖在溶液中发生水解而产生的一种现象。 (　　)

2. 糖苷通常由糖的半缩醛羟基和任一具有羟基的配体化合物脱水而生成。 (　　)

3. 由于 β-D-葡萄糖的构象为优势构象，所以在葡萄糖水溶液中，其含量大于 α-D-葡萄糖。 (　　)

4. 葡萄糖、果糖、甘露糖三者既为同分异构体，又互为差向异构体。 (　　)

5. β-D-甲基吡喃葡萄糖苷在酸性水溶液中会产生变旋光现象。 (　　)

参考答案

一、选择题

1. A　**2.** C　**3.** C　**4.** A　**5.** A　**6.** C　**7.** B　**8.** D　**9.** B　**10.** D

二、是非题

1. ×　**2.** √　**3.** √　**4.** ×　**5.** √

(刘家言)

第十七章　脂　类

知识点总结

脂类广泛地存在于生物体内，是在化学组成、化学结构和生理功能上有较大差异但都具有脂溶性的一类有机化合物，主要包括油脂、磷脂和甾族化合物等。

（一）油脂

油脂是室温下液态的油和固态脂肪的总称，其化学组成是一分子甘油和三分子高级脂肪酸形成的酯。天然油脂分子中的三个高级脂肪酸的酰基链是不相同的，其结构可表示为：

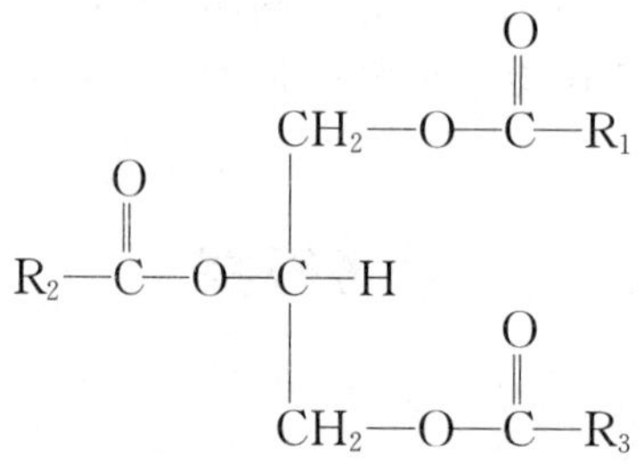

$$
\begin{array}{c}
CH_2-O-\overset{\overset{\large O}{\|}}{C}-R_1 \\
| \\
R_2-\overset{\overset{\large O}{\|}}{C}-O-C-H \\
| \\
CH_2-O-\overset{\overset{\large O}{\|}}{C}-R_3
\end{array}
$$

天然油脂是各种混三酰甘油的混合物，其中的脂肪酸一般都是含偶数碳原子的直链饱和脂肪酸和非共轭的不饱和脂肪酸。绝大多数脂肪酸含 12～18 个碳原子，而且不饱和脂肪酸中的双键多是顺式构型。亚油酸、亚麻酸和花生四烯酸为必需脂肪酸。

油脂的主要化学性质有水解反应、加成反应和氧化反应。油脂的这些化学性质有一定的价值和生物学意义。

(1) 皂化和皂化值：油脂在碱性溶液中的水解称为皂化。1 g 油脂完全皂化时所需氢氧化钾的毫克数称为皂化值。根据皂化值可判断油脂中三酰甘油的平均相对分子质量的大小。

(2) 加成和碘值：含有不饱和脂肪酸的油脂，$C=C$ 双键可与氢、卤素等发生加成反应。100 g 油脂所能吸收碘的克数称为碘值。碘值越大，油脂的不饱和程度越大。

(3) 酸败和酸值：油脂在空气中久置变质产生异味的现象称为酸败。油脂的酸败是一个包括氧化、水解等一系列反应的复杂过程，其重要标志是油脂中游离脂肪酸的增多。中和 1 g 油脂中的游离脂肪酸所需氢氧化钾的毫克数称为油脂的酸值。酸值越大，油脂酸败程度越大，酸值大于 6.0 的油脂不能食用。

（二）磷脂

磷脂分为甘油磷脂和鞘磷脂。甘油磷脂由甘油、脂肪酸、磷酸及含氮有机碱组成。

磷脂中最常见的是卵磷脂和脑磷脂。

含氮有机碱为胆碱[$HOCH_2CH_2N^+(CH_3)_3OH^-$]的甘油磷脂称为卵磷脂。

含氮有机碱为乙醇胺($HOCH_2CH_2NH_2$,又称胆胺)的甘油磷脂称为脑磷脂。

由鞘氨醇构成的磷脂称为鞘磷脂,又称神经磷脂,分子中不含甘油,它由鞘氨醇、脂肪酸、磷酸及含氮有机碱组成。

磷脂具有疏水性的长烃基和亲水性的磷酸有机碱残基,因而具有乳化性质。磷脂分子在水环境中能自发形成双层结构,这种脂双分子层结构是细胞膜的基本构架。

(三) 甾族化合物

甾族化合物都含有一个环戊烷并氢化菲的骨架。大多数甾族化合物在其母体结构的10和13位上连有甲基,在17位上有不同长度的碳链或含氧取代基。甾族化合物可分为5α系和5β系两大类。甾族化合物种类繁多,包括甾醇类、胆甾酸和甾体激素等。这些甾族化合物都具有重要的生理作用,并可发生相应的化学反应。

(1) 甾醇类:分为植物甾醇和动物甾醇。β-谷固醇、麦角甾醇是常见的植物甾醇,胆固醇和7-脱氢胆固醇则是重要的动物甾醇。

(2) 胆甾酸:胆甾酸是动物的胆组织分泌的一类甾族化合物,人体内重要的是胆酸和脱氧胆酸。在胆汁中,胆甾酸的羧基与甘氨酸或牛磺酸中的氨基结合,形成的结合胆甾酸称为胆汁酸。在人体及动物小肠的碱性条件下,胆汁酸以其盐的形式存在。胆汁酸盐分子内部既有亲水性的羟基和羧基(或磺酸基),又有疏水性的甾环,这种分子具有乳化作用,使脂类易于消化吸收。

(3) 甾体激素:甾体激素主要指性激素和肾上腺皮质激素。

性激素是性腺(睾丸、卵巢、黄体)所分泌的甾体激素,它们对生育功能及第二性征(如声音、体型)有着决定性的作用。性激素分为雄性激素和雌性激素。重要的雄性激素有睾酮、雄酮和雄烯二酮。雌性激素主要有由成熟的卵泡产生的雌激素(如雌二醇)和由卵泡排卵后形成的黄体所产生的孕激素(如黄体酮)。

肾上腺皮质激素按照它们的生理功能可分为两类:一类是影响糖、蛋白质与脂质代谢的糖代谢皮质激素,如皮质酮、可的松、氢化可的松等;另一类是影响组织中电解质的转运和水的分布的盐代谢皮质激素,如11-脱氧皮质酮、17α-羟基-11-脱氧皮质酮等。

复习题

选择题

1. 油脂的皂化值大小可以判断油脂的 ( )

A. 活泼性　　B. 平均相对分子质量

C. 不饱和度　　D. 相对含量

2. 油脂没有恒定的熔点是由于 ( )

A. 油脂是混甘油酯　　B. 油脂是单甘油酯

C. 油脂是混甘油酯的混合物　　D. 油脂易酸败

3. 下列关于油脂和脂肪酸的说法正确的是 (　　)

A. 营养必需脂肪酸包括亚油酸、亚麻酸、花生酸

B. 油脂皂化值越大,脂肪酸的平均相对分子质量越大

C. 油脂的碘值越小,油脂的不饱和程度越小

D. 通过催化加氢使油脂的不饱和程度升高的反应称为"油脂的硬化"

4. 下列选项中不是卵磷脂的水解产物的是 (　　)

A. 胆胺　　B. 胆碱　　C. 甘油　　D. 磷酸

5. 维生素 A 为动物生长发育所必需的,人体缺乏它,会导致夜盲症。它属于 (　　)

A. 单萜

B. 倍半萜

C. 双萜

D. 三萜

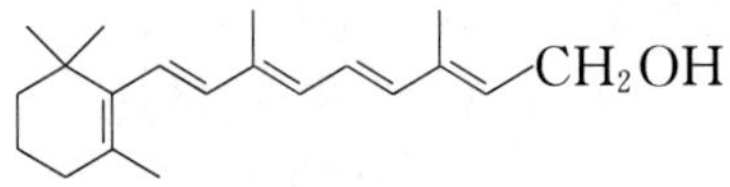

CH_2OH

维生素 A

6. 下列属于甾族化合物的是 (　　)

A. 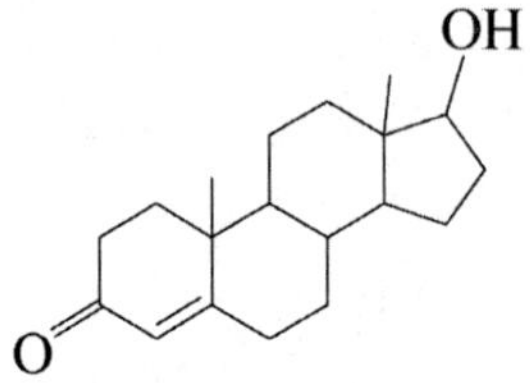 OH O

B. 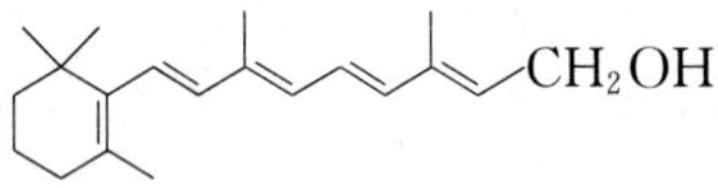 CH_2OH

C. 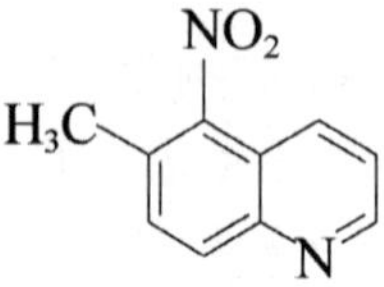 NO_2 H_3C N

D. 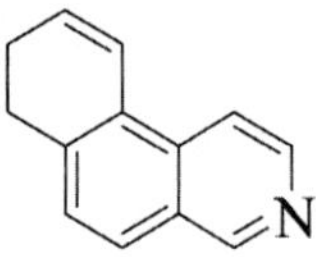 N

参考答案

选择题

1. B　**2.** C　**3.** C　**4.** A　**5.** C　**6.** A

(刘家言)

第十八章　氨基酸、多肽和蛋白质

知识点总结

分子中既含有氨基又含有羧基的双官能团化合物称为氨基酸。自然界中存在的氨基酸有几百种，但是存在于生物体内能合成蛋白质的氨基酸主要有 20 种，它们都属于 α-氨基酸。除甘氨酸外，都有旋光性，绝大多数为 L 构型。

氨基酸的结构通式和偶极离子式：

$$\underset{\displaystyle R—CH—COOH}{\overset{NH_2}{|}} \qquad \underset{\displaystyle R—CH—COO^-}{\overset{NH_3^+}{|}}$$

除甘氨酸外，绝大多数 α-氨基酸中的 α-碳原子为手性碳原子。氨基酸可分为中性氨基酸、碱性氨基酸和酸性氨基酸。需注意的是，“中性”“酸性”“碱性”并非指物质溶液的 pH。在中性氨基酸中因其酸性解离大于碱性解离，故其水溶液的 pH 并不是中性，大多呈微酸性。在 20 种氨基酸中有 8 种氨基酸在人体内不能合成，必须由食物供给，称为人体必需氨基酸。

氨基酸分子中同时存在酸性基团和碱性基团，具有氨和羧酸的典型反应，如可与亚硝酸作用、发生脱羧反应等。同时由于氨基酸主要以两性离子存在，具有两性解离和等电点的特性，利用此性质可采用电泳的方法将其分离。

氨基酸是两性离子，在水溶液中，氨基酸以阳离子、阴离子和偶极离子三种形式存在，它们之间形成一动态平衡。当其以偶极离子形式存在时，所带的正负电荷相当，呈电中性，在电场中不向任何一极移动。此时，氨基酸溶液的 pH 称为该氨基酸的等电点，用 pI 表示。

当溶液的 $pH<pI$，氨基酸主要以阳离子形式存在，在电场中向负极移动；当溶液的 $pH>pI$，氨基酸主要以阴离子形式存在，在电场中向正极移动。

肽是氨基酸之间通过酰胺键相连而形成的一类化合物。两分子氨基酸形成的肽称为二肽，多个氨基酸由多个肽键结合起来形成的肽称为多肽。在肽链的一端仍保留着游离的$—NH_3^+$，称为氨基末端或 N-端，而另一端则保留着游离的$—COO^-$，称为羧基末端或 C-端

由于组成多肽的氨基酸大多不同，当它们的排列顺序不同时形成的多肽也各异，因此多肽有大量的同分异构体存在。

肽键与相邻两个 α-碳原子位于同一平面内，称为肽键平面。肽键具有局部双键性质，与 C—N 键相连的 O 与 H 及两个 C_α原子之间一般呈较稳定的反式构型。

生物体内存在某些重要的活性肽，如脑啡肽、谷胱甘肽和一些非蛋白质来源多肽。它们虽然含量较少，却起着重要的生理作用。

任何一种蛋白质分子在天然状态下均具有独特而稳定的构象。常将蛋白质结构分为一级、二级、三级和四级结构研究。蛋白质分子的一级结构是指多肽链中氨基酸残基的排列顺序，肽键是一级结构中连接氨基酸残基的主要化学键。二级结构是指具有一级结构的肽链按一定的方式盘绕、折叠而成的空间构象，维系二级结构稳定的主要键是氢键，蛋白质的二级结构主要有 α-螺旋、β-折叠。

蛋白质具有高分子的胶体性质，也具有两性解离和等电点的性质，受物理因素和化学因素的影响，可发生沉淀和变性，这在实际应用上具有重要意义。

复习题

选择题

1. 组成蛋白质的氨基酸，除甘氨酸外，都是　（　　）

A. D-构型　B. *S*-构型　C. L-构型　D. *R*-构型

2. 分子组成中含有硫元素的氨基酸是　（　　）

A. 天冬氨酸　B. 半胱氨酸　C. 谷酰胺酸　D. 苯丙氨酸

3. 下列氨基酸属于碱性氨基酸的是　（　　）

A. 赖氨酸　B. 丝氨酸　C. 亮氨酸　D. 甘氨酸

4. 水合茚三酮和下列哪个化合物显紫色　（　　）

A. 吡咯　B. 3-氨基丙酸　C. 氨基乙酸　D. 葡萄糖

5. 某氨基酸的 pI 是 10.5，其水溶液呈　（　　）

A. 强酸性　B. 碱性　C. 中性　D. 弱酸性

6. 丙氨酸的等电点 pI=6.0，当 pH=3.0 时，其主要存在形式是　（　　）

A. $CH_3CH(NH_2)COOH$　B. $CH_3CH(NH_3^+)COOH$

C. $CH_3CH(NH_2)COO^-$　D. 以上都不是

7. 欲使蛋白质沉淀且不变性，应该选用　（　　）

A. 重金属盐　B. 加热　C. 有机溶剂　D. 盐析

8. 蛋白质变性时，一般不会改变的键是　（　　）

A. 酯键　B. 二硫键　C. 肽键　D. 盐键

9. 下列物质中，不能产生缩二脲反应的是　（　　）

A. 尿素　B. 多肽　C. 蛋白质　D. 缩二脲

10. 蛋白质的一级结构是指　（　　）

A. 多肽链的空间结构　B. 多肽链卷曲成螺旋状

C. 组成氨基酸的排列顺序　D. 组成蛋白质的氨基酸个数

参考答案

选择题

1. C　**2.** B　**3.** A　**4.** C　**5.** B　**6.** B　**7.** D　**8.** C　**9.** A　**10.** C

（陈冬生）

综合练习一

专业__________ 班级__________ 姓名__________ 学号__________

一、选择题

1. 下列说法错误的是 ( )

A. 由均裂而发生的反应叫做游离基反应 B. 极性键有利于异裂

C. 光照、高温条件下有利于均裂 D. 过氧化物存在时有利于异裂

2. 下列各基团中，$+I$ 效应最强的是 ( )

A. $(CH_3)_3C—$ B. $(CH_3)_2CH—$ C. $CH_3CH_2—$ D. $CH_3—$

3. 下列化合物中，所有原子不在同一平面的是 ( )

A. 乙烷 B. 乙烯 C. 乙炔 D. 苯

4. 环丙烷若与酸性 $KMnO_4$ 水溶液或 Br_2/CCl_4 反应，现象是 ( )

A. $KMnO_4$ 和 Br_2 都褪色 B. $KMnO_4$ 褪色，Br_2 不褪色

C. $KMnO_4$ 和 Br_2 都不褪色 D. $KMnO_4$ 不褪色，Br_2 褪色

5. 关于化合物 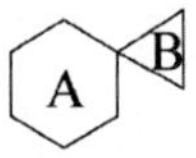 A B 和 Br_2 的反应，下列说法正确的是 ( )

A. 室温条件下只有 A 环发生开环反应

B. 室温条件下只有 B 环发生开环反应

C. 室温条件下 A、B 环均发生开环反应

D. 加热条件下 A、B 环均发生开环反应

6. 下列化合物中存在顺反异构体的是 ( )

A. $CH_3CH_2CH{=}CH_2$ B. $CH_3CH_2C{\equiv}CH$

C. $CH_3CH{=}C(CH_3)_2$ D. $CH_3CH{=}CHCH_3$

7. 下列物质的分子结构中，存在着 π-π 共轭效应的是 ( )

A. $CH_2{=}CHCl$ B. 1,3-丁二烯

C. 甲苯 D. $CH_2{=}CHCH_2^+$

8. 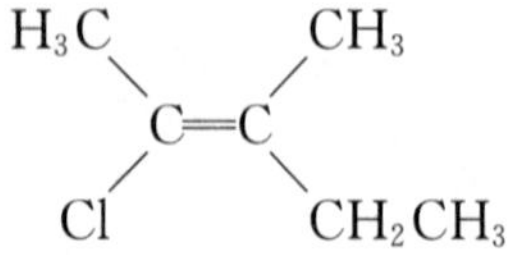 $(H_3C)(Cl)C{=}C(CH_3)(CH_2CH_3)$ 的正确命名是 ( )

A. 顺-3-甲基-2-氯-2-戊烯 B. E-3-甲基-2-氯-2-戊烯

C. 反-3-甲基-2-氯-2-戊烯 D. Z-3-甲基-2-氯-2-戊烯

9. 化合物 $CH_3CH{=}C(CH_3)_2$ 在酸性高锰酸钾中反应的产物是 ( )

A. CH_3COOH B. CH_3COCH_3

C. CH_3CHO D. CO_2 和 H_2O

10. 室温下能与硝酸银的氨溶液作用生成白色沉淀的是 ( )

A. 1-丁炔 B. 1-丁烯 C. 2-丁炔 D. 2-丁烯

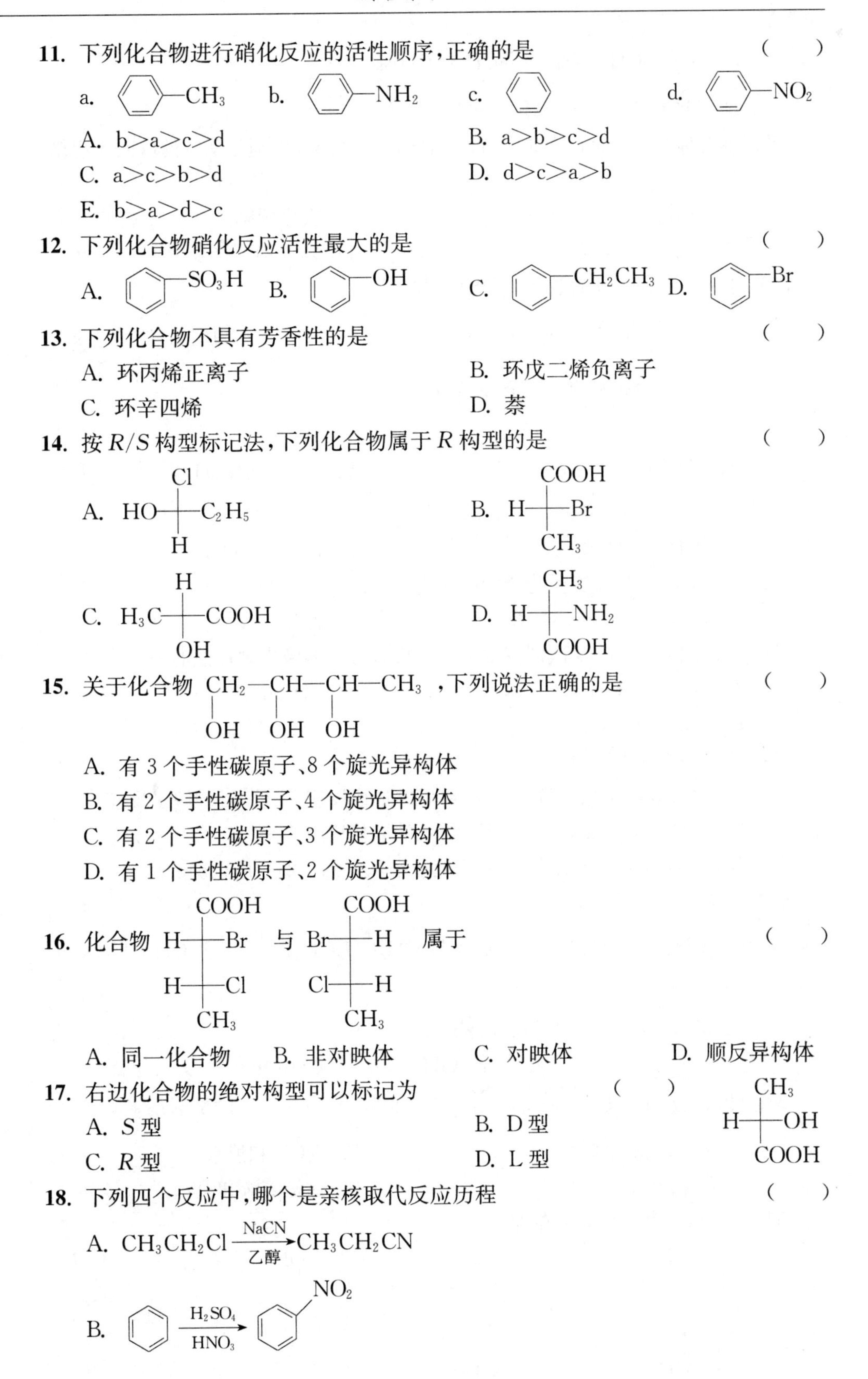

11. 下列化合物进行硝化反应的活性顺序,正确的是 （ ）

a. $C_6H_5-CH_3$ b. $C_6H_5-NH_2$ c. C_6H_6 d. $C_6H_5-NO_2$

A. b>a>c>d B. a>b>c>d

C. a>c>b>d D. d>c>a>b

E. b>a>d>c

12. 下列化合物硝化反应活性最大的是 （ ）

A. $C_6H_5-SO_3H$ B. C_6H_5-OH C. $C_6H_5-CH_2CH_3$ D. C_6H_5-Br

13. 下列化合物不具有芳香性的是 （ ）

A. 环丙烯正离子 B. 环戊二烯负离子

C. 环辛四烯 D. 萘

14. 按 R/S 构型标记法,下列化合物属于 R 构型的是 （ ）

A. Fischer 投影式：上 Cl，左 HO，右 C_2H_5，下 H

B. Fischer 投影式：上 COOH，左 H，右 Br，下 CH_3

C. Fischer 投影式：上 H，左 H_3C，右 COOH，下 OH

D. Fischer 投影式：上 CH_3，左 H，右 NH_2，下 COOH

15. 关于化合物 $CH_2(OH)-CH(OH)-CH(OH)-CH_3$,下列说法正确的是 （ ）

A. 有 3 个手性碳原子、8 个旋光异构体

B. 有 2 个手性碳原子、4 个旋光异构体

C. 有 2 个手性碳原子、3 个旋光异构体

D. 有 1 个手性碳原子、2 个旋光异构体

16. 化合物 （COOH；H—C—Br；H—C—Cl；CH_3）与（COOH；Br—C—H；Cl—C—H；CH_3）属于 （ ）

A. 同一化合物 B. 非对映体 C. 对映体 D. 顺反异构体

17. 右边化合物的绝对构型可以标记为 （ ）

（Fischer 投影式：上 CH_3，左 H，右 OH，下 COOH）

A. S 型 B. D 型

C. R 型 D. L 型

18. 下列四个反应中,哪个是亲核取代反应历程 （ ）

A. $CH_3CH_2Cl \xrightarrow[\text{乙醇}]{NaCN} CH_3CH_2CN$

B. $C_6H_6 \xrightarrow[HNO_3]{H_2SO_4} C_6H_5NO_2$

C. $HC\equiv CH + Br_2 \xrightarrow{CCl_4} CHBr_2CHBr_2$

D. $CH_3CH_2OH \xrightarrow{\triangle} H_2C=CH_2 + H_2O$

19. 不对称的卤代烷在 NaOH 的乙醇溶液中加热发生消除反应的取向应遵循 （　　）

A. 马氏规则　　B. 次序规则

C. 札依采夫规则　　D. 以上均不符合

20. 下列含羟基的化合物中，属于伯醇的是 （　　）

A. C_6H_5—OH　　B. C_6H_{11}—OH　　C. C_6H_5—CH_2OH　　D. $C_5H_8(OH)CH_3$

21. 下列醇与金属钠的反应最容易的是 （　　）

A. $CH_3CH_2CH(OH)CH_3$　　B. C_6H_{11}—$CH(OH)CH_3$

C. $(CH_3)_2CHOH$　　D. CH_3CH_2OH

22. 卢卡斯试剂常在哪类化合物中作为区别反应的试剂 （　　）

A. 醛类　　B. 酮类　　C. 酸类　　D. 醇类

23. 下列试剂与 Lucas 试剂室温下立即反应并且溶液出现浑浊的是 （　　）

A. $(CH_3)_3COH$　　B. CH_3CH_2OH

C. $(CH_3)_2CHOH$　　D. CH_3OH

24. 札依采夫规则适用于 （　　）

A. 卤代烃的消除反应　　B. 烯烃的加成反应　　C. 醇的脱水反应

D. 卤烃的水解反应　　E. 烷烃的取代反应

25. 在 KOH 醇溶液中脱 HBr 的反应速率从大到小的顺序正确的是 （　　）

a. $CH_3CH_2CHBrCH_3$　　b. $CH_3CH_2CH_2CH_2Br$　　c. $CH_3CH_2CBr(CH_3)CH_3$

A. a>b>c　　B. c>a>b　　C. c>b>a　　D. b>c>a

26. 可以鉴别化合物 C_6H_6、C_6H_5OH 和 $C_6H_5CH_2OH$ 的试剂是 （　　）

A. $FeCl_3$ 和金属钠　　B. $FeCl_3$ 和溴水

C. 银氨溶液和金属钠　　D. 银氨溶液和溴水

27. 下列化合物酸性最强的是 （　　）

A. p-$CH_3C_6H_4OH$　　B. p-$NO_2C_6H_4OH$　　C. C_6H_5OH　　D. p-ClC_6H_4OH

28. 下列溶液遇到水杨酸会显色的是 （　　）

A. $FeCl_3$ 溶液　　B. $FeCl_2$ 溶液

C. $CuSO_4$ 溶液　　D. Na_2SO_4 溶液

29. 下列物质中，不能溶于冷的浓硫酸的是 （　　）

A. 溴乙烷　　B. 水　　C. 乙醚　　D. 乙烯

30. 不能与 HCN 发生亲核加成的是 （　　）

A. 丙酮　　B. 乙醛　　C. 3-戊酮　　D. 环戊酮

31. 下列化合物亲核加成反应活性顺序为 （　　）

① CH_3CH_2CHO　② C_6H_5CHO　③ CH_3COCH_3　④ HCHO

A. ①＞②＞③＞④　　B. ②＞①＞④＞③

C. ④＞①＞②＞③　　D. ④＞①＞③＞②

32. 醛在稀碱的作用下，生成 β-羟基醛的反应称为 （　　）

A. 酯化反应　　B. 氧化反应

C. 还原反应　　D. 羟醛缩合反应

33. 下列哪个化合物不能发生羟醛缩合反应 （　　）

A. 乙醛　　B. 丙醛

C. 2-甲基丙醛　　D. 2,2-二甲基丙醛

34. 下列化合物中，可发生碘仿反应的是 （　　）

A. 丙醛　　B. 乙醇　　C. 3-戊酮　　D. 甲醛

35. 下列化合物中，不能发生碘仿反应的是 （　　）

A. 丙酮　　B. 乙醛　　C. 戊醛　　D. 2-丁醇

36. 能发生碘仿反应但不能与 HCN 发生亲核加成反应的是 （　　）

A. 苯乙酮　　B. 3-戊酮　　C. 2-戊酮　　D. 环己酮

37. 能与斐林试剂反应的化合物为 （　　）

A. 所有的醛　　B. 所有的酮

C. 所有的脂肪醛　　D. 所有的芳香醛

38. 要使 CH_3COCH_3 转变为 $CH_3CH_2CH_3$，下列试剂中可以选用的是 （　　）

A. $NaBH_4$　　B. $LiAlH_4$

C. Zn-Hg/浓 HCl　　D. 无水 $ZnCl_2$/浓 HCl

39. 下列化合物按酸性从大到小排列的次序正确的为 （　　）

① 乙酸　② 苯酚　③ 水　④ 碳酸　⑤ 酒精

A. ①＞④＞②＞③＞⑤　　B. ④＞①＞②＞③＞⑤

C. ①＞②＞④＞③＞⑤　　D. ①＞④＞③＞②＞⑤

E. ④＞①＞③＞⑤＞②

40. 下列化合物酸性最强的是 （　　）

A. 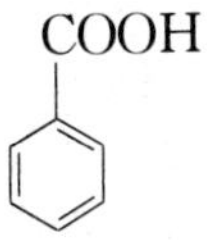 COOH（苯甲酸）　　B. 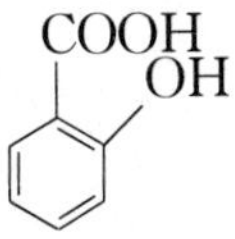 COOH, OH（邻羟基苯甲酸）　　C. 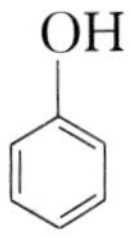 OH（苯酚）　　D. 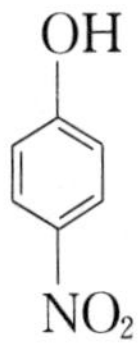 OH, NO_2（对硝基苯酚）

41. 下列化合物中受热会发生脱羧反应的是 (　　)

A. 乙酸　　B. 乙二酸　　C. 丁二酸　　D. 己二酸

42. 下列化合物加热脱水不会生成酯的是 (　　)

A. α-羟基戊酸　　B. δ-羟基戊酸　　C. γ-羟基戊酸　　D. β-羟基戊酸

43. 下列化合物发生水解反应时速率最快的是 (　　)

A. 丙酰氯　　B. 丙酸酐　　C. 乙酸甲酯　　D. 丙酰胺

44. 下列化合物中碱性最强的是 (　　)

A. CH_3NH_2　　B. NH_3

C. CH_3NHCH_3　　D. 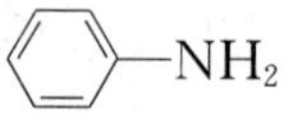 —NH_2

45. 下列化合物能与亚硝酸反应放出氮气的是 (　　)

A. 乙胺　　B. 三乙胺　　C. 二甲胺　　D. *N*-甲基苯胺

46. 下列化合物与 HNO_2 作用不会放出 N_2 的是 (　　)

A. 尿素　　B. 乙胺　　C. 二乙胺　　D. 乙酰胺

47. 不能发生酰化反应的是 (　　)

A. $CH_3CH_2NH_2$　　B. CH_3NHCH_3

C. $CH_3N(CH_3)_2$　　D. 叔丁胺

48. 与亚硝酸反应生成黄色的油状物或沉淀的化合物是 (　　)

A. 甲胺　　B. 苯胺　　C. 二乙胺　　D. 三甲胺

49. 不与重氮盐生成偶氮化合物的是 (　　)

A. 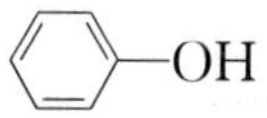 —OH　　B. 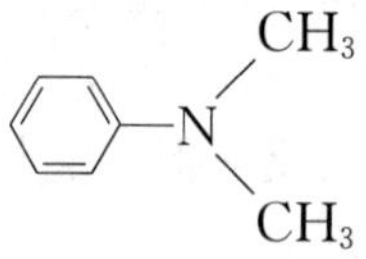 —N(CH_3)(CH_3)

C. 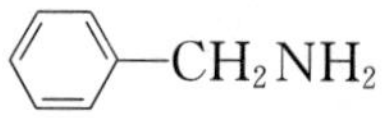 —CH_2NH_2　　D. 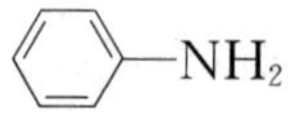 —NH_2

50. 下列糖类化合物中不会发生银镜反应的是 (　　)

A. 葡萄糖　　B. 果糖　　C. 麦芽糖　　D. 蔗糖

二、用系统命名法命名下列化合物

1.
CH_3　C_2H_5
$CH_3CHCH_2CHCH_3$

2. CH_3

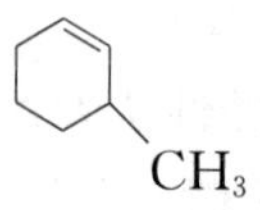

3. $H_3C—C—CH_2CH_3$
　　$\|$
　　CH_2

4. $CH_3CHCH═CHCH_3$
　　|
　　Br

5.
OH
|
$CH_3CCH_2CH_2CH_3$
|
CH_3

6. 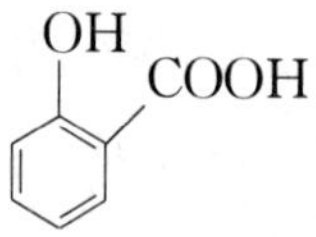 OH　COOH

7. 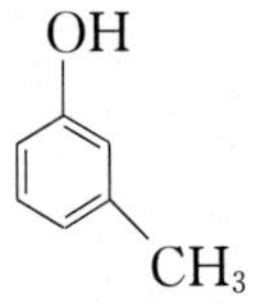

8. 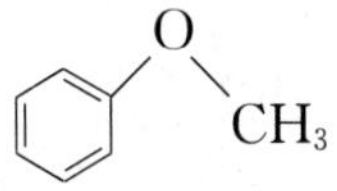

9. 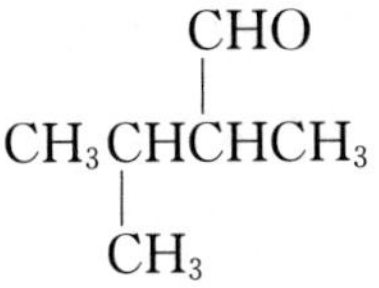

10. 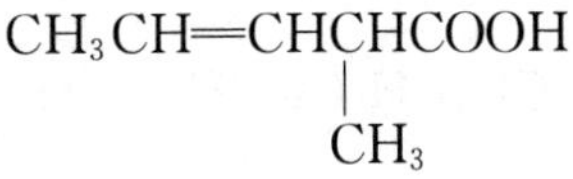

11. 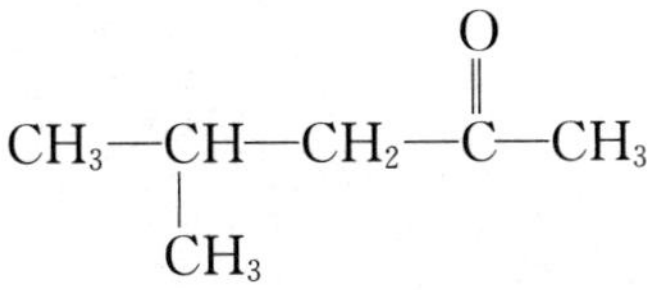

12. 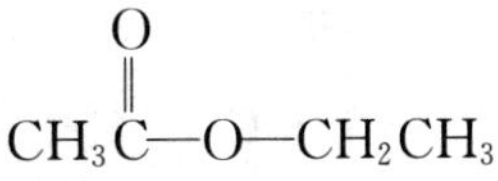

13. $(CH_3CH_2)_3N$

14. 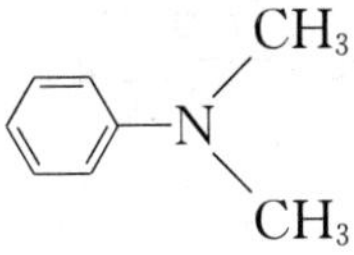

15. 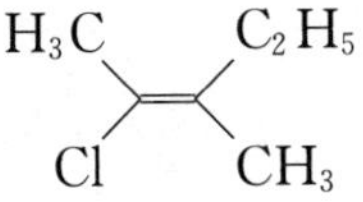 （命名并指出其 *Z*/*E* 构型）

16. 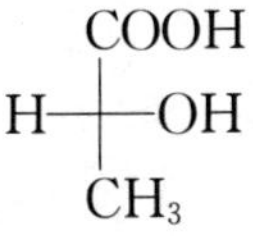 （命名并指出其 *R*/*S* 构型）

三、完成下列反应式，写出主要产物

1. $CH_3—CH═CH_2 + HBr \longrightarrow$

2. 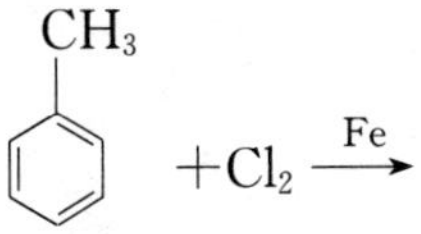

3. 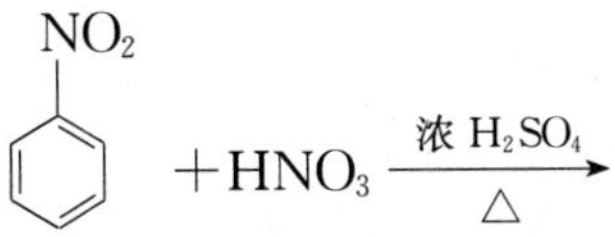

4. CH_3, C_2H_5, $C(CH_3)_3$ (benzene ring) $\xrightarrow[H^+]{KMnO_4}$

5. $CH_3CH_2\overset{\overset{\displaystyle Br}{|}}{C}HCH_3 \xrightarrow[\triangle]{KOH/H_2O}$

6. $CH_3—\overset{\overset{\displaystyle CH_3}{|}}{C}H—\underset{\underset{\displaystyle CH_3}{|}}{C}H—CH_3 \xrightarrow[\triangle]{KOH/\text{乙醇}}$

7. ⬡—OH $\xrightarrow[170\ ℃]{\text{浓}\ H_2SO_4}$

8. $CH_3\overset{\overset{\displaystyle OH}{|}}{C}HCH_3 \xrightarrow{KMnO_4}$

9. $CH_3\overset{\overset{\displaystyle O}{\|}}{C}CH_2CH_3 \xrightarrow{I_2/NaOH}$

10. $2CH_3CHO \xrightarrow{\text{稀}\ NaOH}$

11. $2CH_3CH_2CHO \xrightarrow{\text{稀}\ NaOH}$

12. $CH_3CHO + \underset{\underset{\displaystyle OH}{|}}{CH_2}—\underset{\underset{\displaystyle OH}{|}}{CH_2} \xrightarrow{\text{干燥}\ HCl}$

13. COOH, CH_2OH, OH (benzene ring) $\xrightarrow{NaOH}$

14. COOH / COOH $\xrightarrow{\triangle}$

15. COOH / COOH $\xrightarrow{\triangle}$

16. $CH_3COOH + CH_3CH_2OH \overset{H^+}{\rightleftharpoons}$

17. $-NH_2 + HNO_2 \longrightarrow$

18. $-NH-CH_3 + HNO_2 \longrightarrow$

（张　明）

综合练习二

专业＿＿＿＿＿　班级＿＿＿＿＿　姓名＿＿＿＿＿　学号＿＿＿＿＿

一、命名下列化合物

1. 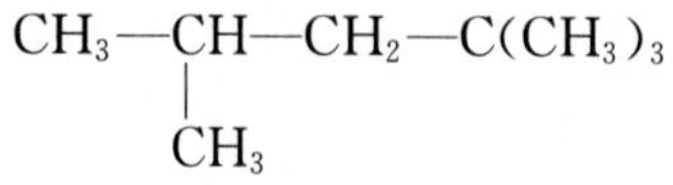 $CH_3-\underset{\displaystyle CH_3}{\underset{|}{CH}}-CH_2-C(CH_3)_3$

2. (benzene ring with NO_2 and OH in meta positions)

3. (benzene ring)$-O-CH_3$

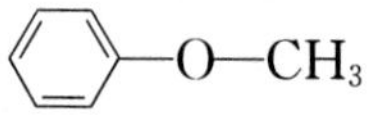

4.  $CH_3\overset{\displaystyle O}{\overset{\|}{C}}CH_2COOH$

5. 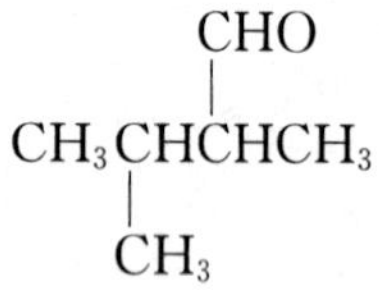 $CH_3\underset{\displaystyle CH_3}{\underset{|}{CH}}\overset{\displaystyle CHO}{\overset{|}{CH}}CH_3$

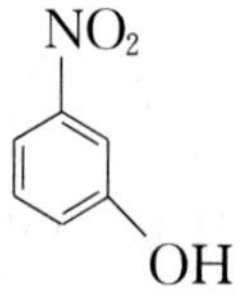

6. 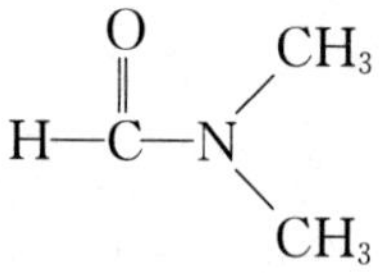 $H-\overset{\displaystyle O}{\overset{\|}{C}}-N(CH_3)_2$

7. 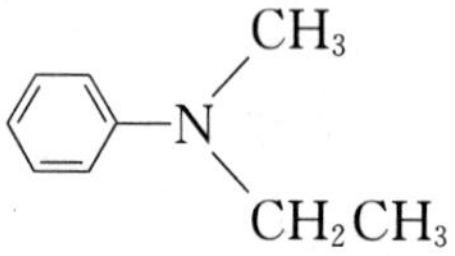 (benzene ring)$-N(CH_3)(CH_2CH_3)$

8. 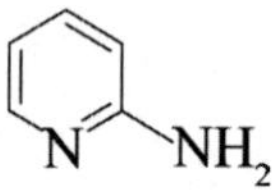 (pyridine ring with NH_2 at position 2)

9. 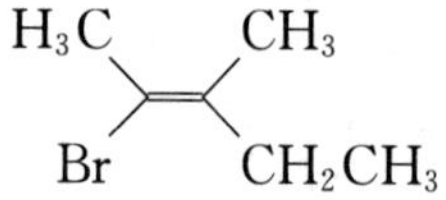 $H_3C(Br)C{=}C(CH_3)CH_2CH_3$ （命名并指出其 Z/E 构型）

10. 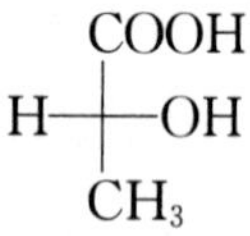 Fischer projection: COOH (top), H (left), OH (right), CH_3 (bottom) （命名并指出其 R/S 构型）

二、完成下列反应

1. 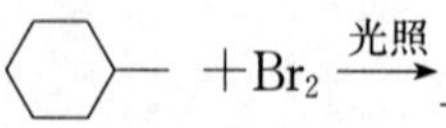 (methylcyclohexane) $+Br_2 \xrightarrow{光照}$ ＿＿＿＿＿＿＿＿＿＿

2. $CH_3CH_2\underset{\displaystyle CH_3}{\underset{|}{C}}{=}CH_2 + HBr \longrightarrow$ ＿＿＿＿＿＿＿＿＿＿

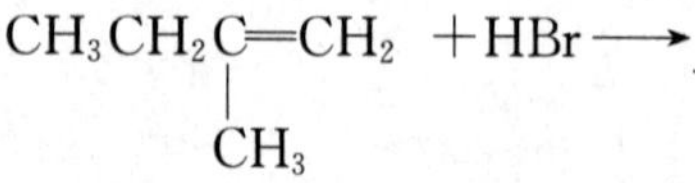

3. $\text{(cyclopentylidene)}{=}CHCH_2CH_3 \xrightarrow{KMnO_4/H^+}$ ______________________

4. $CH_3CH_2C{\equiv}CH + H_2O \xrightarrow[H_2SO_4]{HgSO_4}$ ______________________

5. $\text{(benzene ring with } CH_3 \text{ and, meta, } CH_2CH_2CH_3) \xrightarrow{KMnO_4/H^+}$ ______________________

6. $\text{(benzene ring with } CH_3 \text{ and, meta, } NO_2) + HNO_3 \xrightarrow[\triangle]{H_2SO_4}$ ______________________

7. $CH_3C(Cl){=}CHCH_2Cl \xrightarrow{NaOH/H_2O}$ ______________________

8. $\text{(cyclohexane ring with adjacent } Br \text{ and } CH_3) \xrightarrow[\triangle]{KOH/乙醇}$ ______________________

9. $C_6H_5{-}CH_2CH(OH)CH_3 \xrightarrow[\triangle]{H_2SO_4}$ ______________________

10. $C_6H_5OH + Br_2 \xrightarrow{H_2O}$ ______________________

11. $C_6H_5{-}O{-}CH_3 \xrightarrow[\triangle]{HI}$ ______________________

12. $C_6H_5{-}CHO + CH_2(OH)CH_2(OH) \xrightarrow{HCl}$ ______________________

13. $2CH_3CH_2CHO \xrightarrow{稀\ NaOH}$ ______________________

14. $CH_3CH(OH)CH_2CH_2CH_3 \xrightarrow{I_2/NaOH}$ ______________________

15. $H_2C{=}CH{-}CH(CH_3){-}CHO \xrightarrow{NaBH_4}$ ______________________

16. $\begin{array}{l} CH_2COOH \\ | \\ CH_2COOH \end{array} \xrightarrow{\triangle}$ ______________________

17. $\text{(cyclohexane ring with adjacent } COOH \text{ and } OH) \xrightarrow{\triangle}$ ______________________

18. 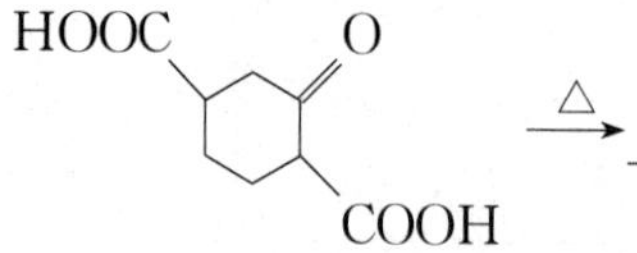 (环己烷环：1位 HOOC，2位 =O，3位 COOH) $\xrightarrow{\triangle}$ ________________

19. 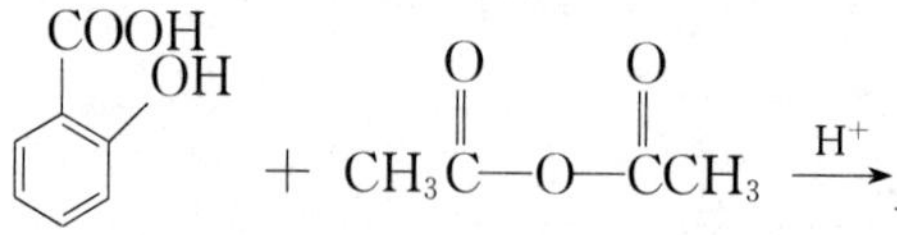 (苯环：COOH，邻位 OH) + $CH_3\overset{O}{\overset{\|}{C}}—O—\overset{O}{\overset{\|}{C}}CH_3$ $\xrightarrow{H^+}$ ________________

20. 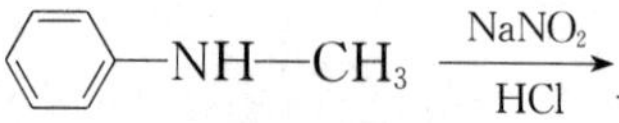 $C_6H_5—NH—CH_3$ $\xrightarrow[HCl]{NaNO_2}$ ________________

三、选择题(选择最佳答案)

1. 按照顺序规则，基团① $—CH_2SH$，② —OH，③ $—NH_2$，④ $—CH_2OH$，⑤ $—CH_3$ 的优先顺序为 （　　）

A. ①>②>③>④>⑤　　B. ②>③>①>④>⑤

C. ②>③>④>⑤>①　　D. ⑤>④>③>②>①

2. 下列化合物中，既存在对映异构又存在顺反异构的是 （　　）

A. 2,3-二溴-2-丁烯　　B. 3-溴-2-戊烯

C. 2-甲基-3-溴-1-丁烯　　D. 4-溴-2-戊烯

3. 下列碳正离子中，稳定性最高的是 （　　）

A. $CH_3\overset{+}{C}HCH=CH_2$　　B. $CH_2=CHCH_2\overset{+}{C}H_2$

C. $CH_3CH=CH\overset{+}{C}H_2$　　D. $(CH_3)_3C^+$

4. 下列烯烃与 HBr 加成时反应速度最快的是 （　　）

A. $CH_2=CHCF_3$　　B. $CH_2CH=C(CH_3)_2$

C. $CH_3CH=CHCH_3$　　D. $CH_3CH=CH_2$

5. 室温下能与硝酸银的氨溶液作用生成白色沉淀的是 （　　）

A. 正丁烷　　B. 1-丁炔　　C. 1-丁烯　　D. 2-丁炔

6. 下列物质中没有芳香性的是 （　　）

A.  (环丙烯正离子)　　B. 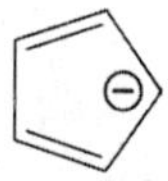 (环戊二烯负离子)　　C. 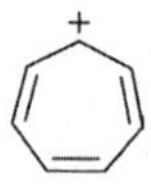 (环庚三烯正离子)　　D. 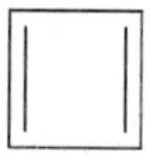 (环丁二烯)

7. 下列化合物进行硝化反应，活性最高的是 （　　）

A. 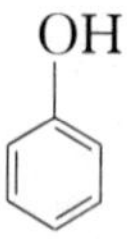 (苯酚，OH)　　B. 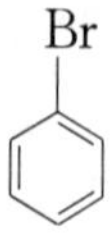 (溴苯，Br)　　C.  (苯)　　D. 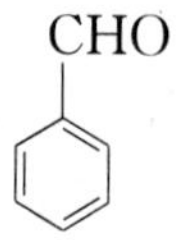 (苯甲醛，CHO)

E. 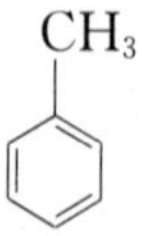 (甲苯，CH_3)

8. 下列基团属于间位定位基的是 （　　）

A. $—NH_2$　　B. $—OCH_3$　　C. —Cl　　D. —CHO

9. 不属于 S_N2 历程的说法是 （　　）

A. 产物的构型完全转变

B. 反应不分阶段一步完成

C. 增加氢氧化钠浓度，卤代烷水解速度加快

D. 反应速度叔卤代烷明显大于伯卤代烷

10. 在室温下，下列化合物与硝酸银醇溶液发生反应有沉淀的是 （　　）

A. Br, NO_2　　　　B. Br, CH_3

C. CH_2Br　　　　D. CH_2CH_2Br

11. 下列化合物环上取代基与苯环间存在 p-π 共轭效应的是 （　　）

A. CN　　B. CH_3　　C. Br　　D. NO_2

12. 下列哪种类型的化合物可用卢卡斯(Lucas)试剂鉴别 （　　）

A. 卤代烃　　B. 伯、仲、叔醇　　C. 醛酮　　D. 烯烃

13. 加入 $FeCl_3$ 试剂后显紫色的是 （　　）

A. —OH　　　　B. —CH_2OH

C. —OH　　　　D. —CHO

14. 在室温下，醚类化合物(R—O—R)能与下列哪种试剂反应生成 盐 （　　）

A. NaOH　　B. 浓 H_2SO_4　　C. $KMnO_4$　　D. 稀 HCl

15. 下列物质亲核加成活性最强的是 （　　）

A. 苯甲醛　　B. 丙酮　　C. 乙醛　　D. 甲醛

16. 下列化合物中，能进行羟醛缩合反应的是 （　　）

A. 2,2-二甲基丙醛　　B. 丙酮

C. 苯甲醛　　D. 丙醛

17. 下列化合物中，可发生碘仿反应的是 （　　）

A. 丙醛　　B. 甲醛　　C. 乙醇　　D. 3-戊酮

18. 化合物(a) 丙酮，(b) α-丙酮酸，(c) β-丁酮酸，(d) 乳酸，(e) β-羟基丁酸中，酮体是 （　　）

A. (a)(b)(c)　　B. (b)(d)(e)

C. (c)(d)(e)　　D. (a)(c)(e)

19. 下列羧酸与乙醇最易发生酯化反应的是 （　　）

A. 苯甲酸　　B. 甲酸　　C. 乙酸　　D. 丙酸

20. 下列各类化合物中，最易发生水解反应的是 （　　）

A. 酰胺　　B. 酰氯　　C. 酯　　D. 酸酐

21. 下列说法错误的是 （　　）

A. 萘的 α 位比 β 位活泼

B. 2,3-丁二醇有 4 个旋光异构体

C. 甲烷与氯气在光照条件下的反应,从机理上来说属于自由基取代反应

D. 卤素是弱吸电子基,属于邻对位定位基

22. 下列说法不正确的是 （　　）

A. 具有手性碳的分子不一定有手性

B. 只要分子具有对称面或对称中心,则分子一定没有手性

C. 外消旋体与内消旋体都不具有旋光性,且都属于纯净物

D. 一对对映异构体比旋光度大小相等,方向相反

23. 下列化合物按酸性从大到小排列的次序为 （　　）

① 甲酸　② 苯酚　③ 草酸　④ 苯甲酸　⑤ 苄醇

A. ③>①>④>②>⑤　　B. ③>①>②>④>⑤

C. ①>②>③>⑤>④　　D. ①>③>②>④>⑤

24. 局部麻醉剂辛可卡因的结构如右图,3 个 N 原子的碱性大小是 （　　）

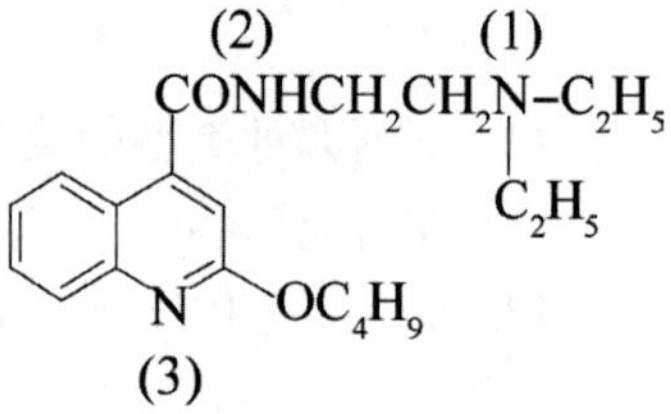

(2)　(1)

$CONHCH_2CH_2N{-}C_2H_5$

C_2H_5

N　OC_4H_9

(3)

A. (1)>(2)>(3)

B. (1)>(3)>(2)

C. (2)>(1)>(3)

D. (3)>(2)>(1)

25. 不能发生酰化反应的是 （　　）

A. $CH_3CH_2NH_2$　　B. CH_3NHCH_3

C. $CH_3CH_2N(CH_3)_2$　　D.  N H

26. 不能与氯化重氮苯发生偶联反应的是 （　　）

A. 硝基苯　　B. 对甲基苯胺

C. 苯酚　　D. *N*,*N*-二甲基苯胺

27. 下列属于非还原性糖的是 （　　）

A. 麦芽糖　　B. 纤维二糖

C. 乳糖　　D. 蔗糖

28. 下列叙述正确的是 （　　）

A. 皂化值越大,油脂的平均相对分子质量越大

B. 天然油脂有恒定的熔点和沸点

C. 酸值越大,油脂酸败越严重

D. 碘值越大,油脂的不饱和程度越低

29. 某氨基酸的 pI 是 9.74,其水溶液呈 （　　）

A. 强酸性　　B. 碱性　　C. 中性　　D. 弱酸性

30. 顺-1-甲基-2-乙基环己烷的最稳定的构象是 (　　)

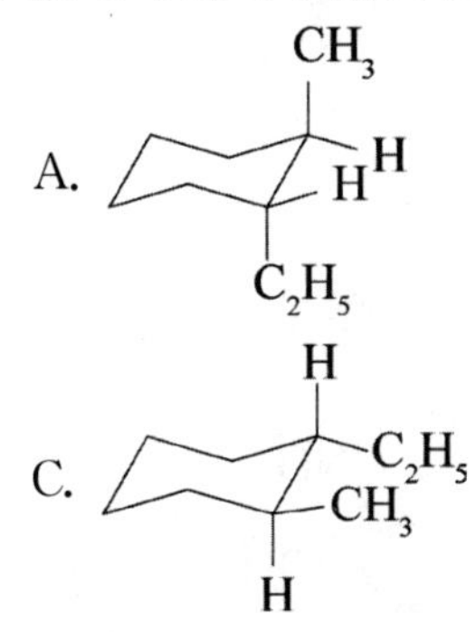

B. H　CH_3　C_2H_5　H

D. H　C_2H_5　H　CH_3

四、合成题

1. 由甲苯合成 3,5-二溴甲苯。

2. 由甲苯合成间硝基苯甲酸。

3. 由苯和不超过 4 个碳的有机原料合成 2-苯基-2-丁醇。

五、结构推导

某链烃 A 分子式为 C_4H_8,与氢溴酸的加成产物经碱性水解生成分子式为 $C_4H_{10}O$ 的化合物 B,B 经高锰酸钾氧化成酮 C。B 脱水后得到 A 的异构体 D。D 被酸性高锰酸钾氧化后得到唯一产物 E,且无气体放出,试推测 A、B、C、D、E 的结构。

（刘家言）

综合练习三

专业__________　班级__________　姓名__________　学号__________

一、用系统命名法命名或写出结构式

1.

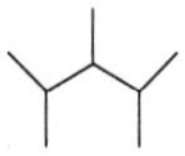

2. 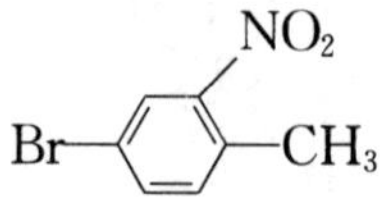 Br—(苯环)—CH_3，NO_2

3. $CH_3CH=CH—C≡CH$

4. 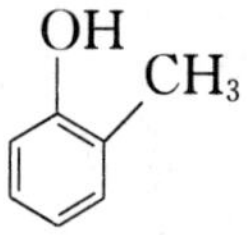 OH，CH_3

5. 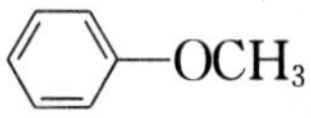 —OCH_3

6. 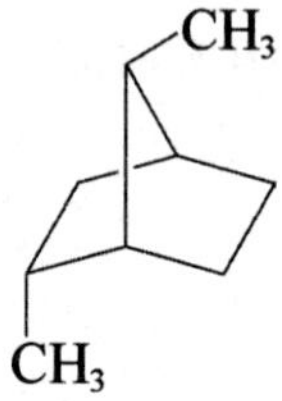 CH_3，CH_3

7. 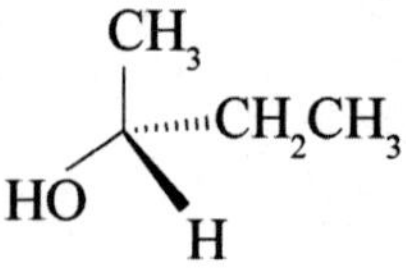 CH_3，CH_2CH_3 (R/S)，HO，H

8. 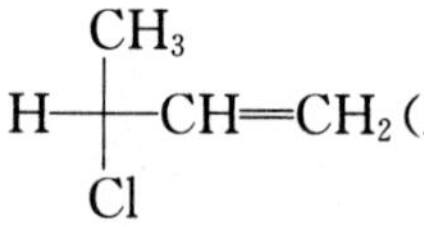 H—C(—CH_3)(—Cl)—CH=CH_2 (R/S)

9. 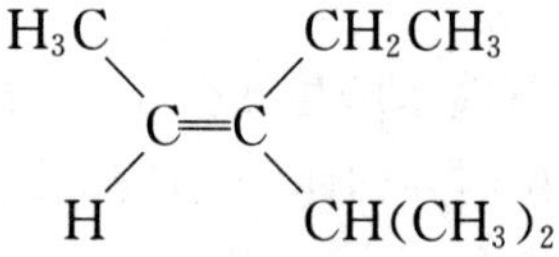 H_3C，CH_2CH_3，C=C，H，$CH(CH_3)_2$　(Z/E)

10. 画出该化合物的最稳定构象：C_2H_5，CH_3

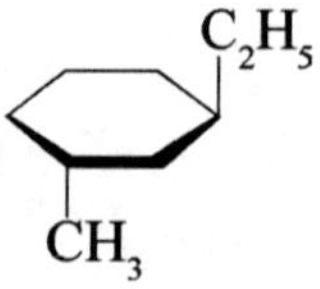

二、完成下列反应

1. 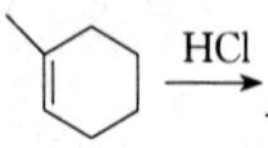 $\xrightarrow{HCl}$ ______________________________

2. $CH_3CH=CH_2 \xrightarrow{HOCl}$ ______________________________

3. (cyclohexadiene) + $CH_2=CHCN$ $\xrightarrow{\triangle}$ ______

4. (o-nitroaniline: NH_2, NO_2) $\xrightarrow{Br_2/Fe}$ ______

5. (1-butyne) $\xrightarrow[HgSO_4/H_2SO_4]{H_2O}$ ______

6. (1-isopropyl-4-tert-butylbenzene) $\xrightarrow{KMnO_4/H^+}$ ______

7. (benzene) + $CH_3CH_2CH_2\overset{O}{\overset{\|}{C}}Cl$ $\xrightarrow{AlCl_3}$ ______

8. (3-bromo-4-methylcyclohexene, Br) $\xrightarrow[\triangle]{KOH/EtOH}$ ______

9. $Cl-C_6H_4-\underset{Cl}{\underset{|}{C}}HCH_3$ $\xrightarrow{H_2O/NaOH}$ ______

10. $CH_3-CH=CH_2$ $\xrightarrow[ROOR]{HBr}$ ______

11. (phenyl MgBr) $\xrightarrow[2)\ H^+/H_2O]{1)\ CH_3CHO}$ ______

12. Fischer projection: top CH_3; H—C—Ph; Br—C—H; bottom Ph $\xrightarrow[\triangle]{C_2H_5ONa}$ ______

13. $C_6H_5-CH_3$ $\xrightarrow[Br_2]{Fe}$ ______

14. $C_6H_5-\underset{C_2H_5}{\underset{|}{\overset{CH_3}{\overset{|}{C}}}}-CH_2OH$ $\xrightarrow[\triangle]{H_2SO_4}$ ______

15. (cyclohexyl)—OH $\xrightarrow[H_2SO_4]{K_2Cr_2O_7}$ ______

16. $CH_2=CHCH_2OH$ $\xrightarrow{沙瑞特试剂}$ ______

17. (2-chlorophenol: OH, Cl) $+Br_2$ $\longrightarrow$ ______

18. $C_6H_5-ONa+CH_3Br$ $\longrightarrow$ ______

19.  $-OCH_3 \xrightarrow{HI}$ ________________

20. 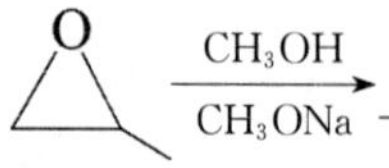 O $\xrightarrow[CH_3ONa]{CH_3OH}$ ________________

三、选择题

1. 按照顺序规则，基团① $-CH_2SH$，② $-OH$，③ $-NH_2$，④ $-CH_2OH$，⑤ $-CH=CH_2$的优先顺序为 （　　）

A. ①>②>③>④>⑤　　B. ②>③>①>④>⑤

C. ②>③>④>⑤>①　　D. ⑤>④>③>②>①

2. 下列碳正离子中，稳定性最高的是 （　　）

A. $CH_3CH=CH\overset{+}{C}H_2$　　B. $CH_3CH=CHCH_2\overset{+}{C}H_2$

C. $CH_3CH=CH\overset{+}{C}HCH_3$　　D. $(CH_3)_3C^+$

3. 室温下能与硝酸银的氨溶液作用，生成白色沉淀的是 （　　）

A. 正丁烷　　B. 1-丁炔　　C. 1-丁烯　　D. 2-丁炔

4. 下列试剂中，亲核性最强的是 （　　）

A. CH_3COO^-　　B. $C_6H_5O^-$

C. OH^-　　D. $CH_3CH_2O^-$

5. 下列卤素负离子在质子性溶剂（如水）中的亲核性最强的是 （　　）

A. 碘离子　　B. 溴离子　　C. 氯离子　　D. 氟离子

6. 对溴代烷在碱溶液中水解的 S_N2 历程的特点的描述错误的是 （　　）

A. 亲核试剂 OH^- 首先从远离溴的背面向中心碳原子靠拢

B. S_N2 反应是一步进行的

C. 反应构型发生翻转

D. S_N2 历程是从反应物经过碳正离子中间体而变为生成物

7. 下列物质中没有芳香性的是 （　　）

A.  ⊕　　B. 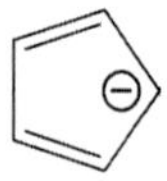 ⊖　　C. 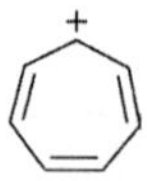 +　　D.

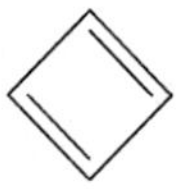

8. 下列化合物进行硝化反应的活性顺序正确的是 （　　）

A. 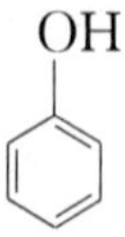 OH　　B. 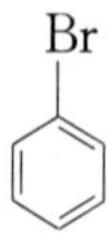 Br　　C. 　　D. 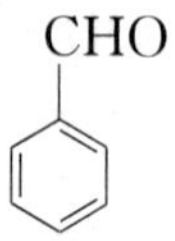 CHO　　E. 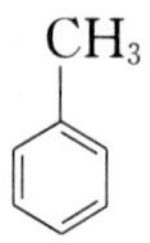 CH_3

A. A>C>B>E>D　　B. A>E>C>B>D

C. E>A>C>B>D　　D. E>A>B>C>D

9. 下列化合物环上取代基与苯环间存在 p-π 共轭效应的是 （　　）

A. 苯乙烯　　B. 甲苯　　C. 溴苯　　D. 硝基苯

10. 下列烯烃与 HBr 加成时反应速度最快的是 （　　）

A. $CH_2=CHCF_3$　　B. $CH_3CH=C(CH_3)_2$

C. $CH_3CH=CHCH_3$　　D. $CH_3CH=CH_2$

11. 下列化合物有手性的是 （　　）

A. H_3C、H 与 CH_3、CH_3 分列 C=C=C 两端（$(CH_3)HC{=}C{=}C(CH_3)_2$）

B. 环己烷-1,2-二醇（两个 OH 均为楔形键）

C. Fischer 投影式：CHO / H—C—OH / H—C—OH / Ph

D. CH_3、H（虚线键）、H（楔形键）、Br 连于 C

12. (a) 正丁醇、(b) 2-丁醇、(c) 叔丁醇与 Lucas 试剂反应的速度大小正确的是 （　　）

A. (a)＞(b)＞(c)　　B. (c)＞(b)＞(a)

C. (a)＞(c)＞(b)　　D. (b)＞(c)＞(a)

13. 下列化合物中，S_N1 与 S_N2 反应都最难进行的是 （　　）

A. $PhCH_2Br$　　B. （2-溴丙烷，键线式）Br　　C. （双环化合物，环上碳连 Br）　　D. （桥头碳连 Br 的双环化合物）

14. 苯环上连有以下哪个基团时，一般不发生 Friedel-Crafts 反应 （　　）

A. $—NO_2$　　B. $—OCH_3$　　C. —OH　　D. $—NH_2$

15. 加入 $FeCl_3$ 试剂后显紫色的是 （　　）

A. 环己基—OH　　B. 苯基—CH_2OH

C. 苯基—OH　　D. 苯基—CHO

16. 下列说法正确的是 （　　）

A. 烷烃和环烷烃都不溶于水，易溶于有机溶剂，密度大于 1

B. 乙烷只有交叉式和重叠式两种构象

C. 酸性：叔丁醇＞异丙醇＞乙醇

D. 在烷烃的卤代反应中，仲氢的活性高于伯氢

17. 甲烷与氯气在光照条件下的反应，从机理上来说属于 （　　）

A. 自由基取代　　B. 亲核取代　　C. 亲电取代　　D. 亲电加成

18. 下列说法不正确的是 （　　）

A. 具有手性碳的分子不一定有手性

B. 只要分子具有对称面或对称中心，则分子一定没有手性

C. 外消旋体与内消旋体都不具有旋光性，且都属于纯净物

D. 一对对映异构体比旋光度大小相等，方向相反

19. $(CH_3)_3CCl$ 在弱碱的条件下最容易发生的反应是 （　　）

A. S_N1　　B. S_N2　　C. E1　　D. E2

20. 在室温下，醚类化合物(R—O—R)能与下列哪种试剂反应，生成锌盐 （　　）

A. NaOH　　B. 浓 H_2SO_4　　C. $KMnO_4$　　D. 稀 HCl

四、试就以下转变提出合理的机理

1. 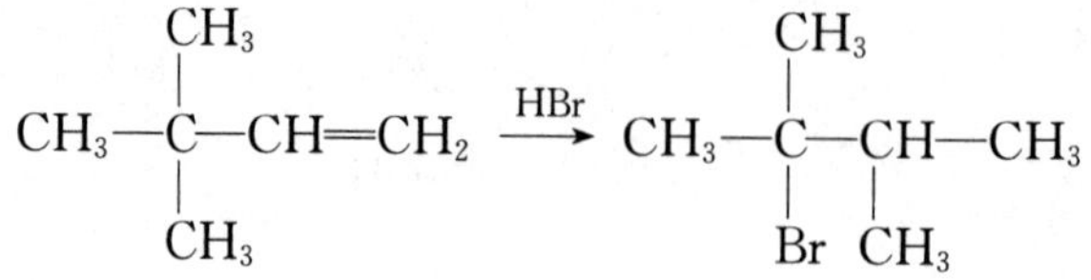 $CH_3-C(CH_3)_2-CH=CH_2 \xrightarrow{HBr} CH_3-C(CH_3)(Br)-CH(CH_3)-CH_3$

2. 1,1'-二(1-羟基环戊基)（两个环戊烷各带OH，以C—C键相连） $\xrightarrow{H_2SO_4}$ 螺[4.5]癸-6-酮

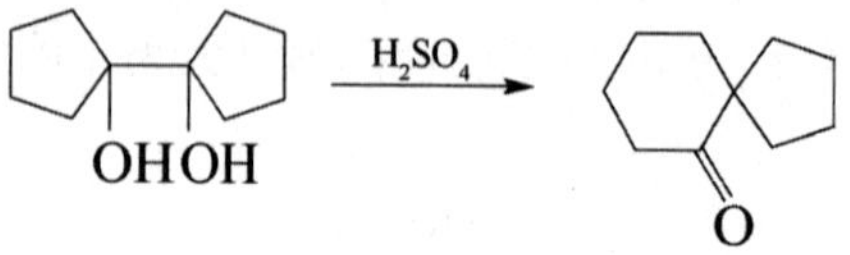

五、合成题

1. 由顺-2-丁烯合成反-2-丁烯。

2. 以不超过 2 个碳的有机物为原料，无机试剂任选，合成 $CH_3CH_2CH_2-\overset{O}{\overset{\|}{C}}-CH_2CH_3$。

3. 由苯合成 间硝基苯甲酸（苯环上COOH与NO_2处于间位）。

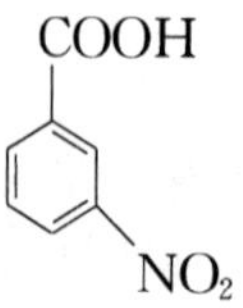

4. 由苯和不超过 2 个碳的有机原料合成 2-苯基-2-丁醇。

六、结构推导

某卤代烃 $C_5H_{11}Br$(A)与 KOH 乙醇溶液作用，生成分子式为 C_5H_{10} 的化合物(B)，B 经酸性 $KMnO_4$ 氧化后可得到一个酮(C)和一个羧酸(D)。而 B 与 HBr 作用得到的产物是 A 的异构体 E。试推测 A、B、C、D、E 的结构。

（陈冬生）

综合练习四

专业__________ 班级__________ 姓名__________ 学号__________

一、用系统命名法命名下列化合物

1. 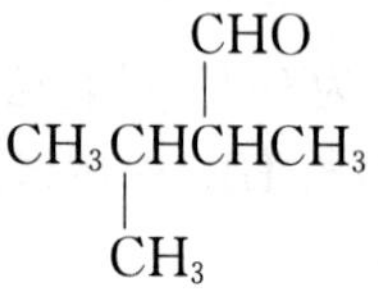 $CH_3CH(CH_3)CH(CHO)CH_3$

2. 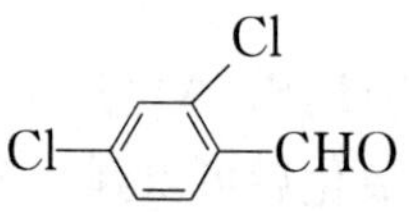 Cl—(苯环)—CHO（2-位 Cl）

3. (呋喃环)—CH_3

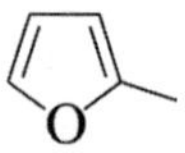

4. 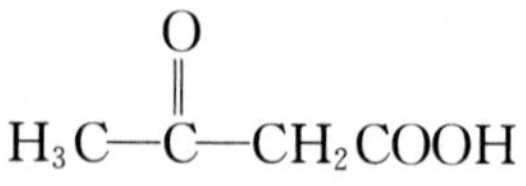 $H_3C—C(=O)—CH_2COOH$

5. 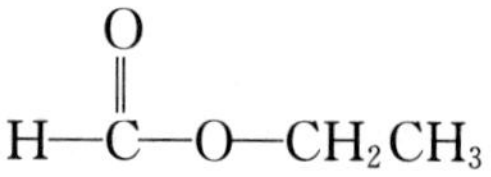 $H—C(=O)—O—CH_2CH_3$

6. 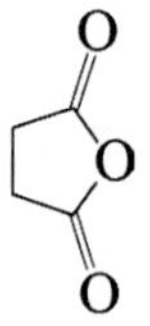 (环状酸酐，O、O、O)

7. 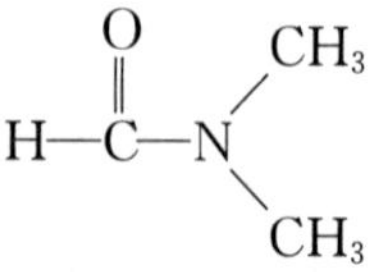 $H—C(=O)—N(CH_3)_2$

8. $Et_4N^+Br^-$

9. 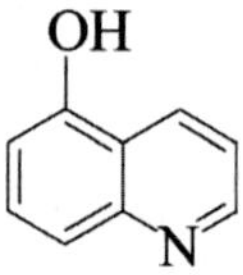 OH (喹啉环，N)

10. 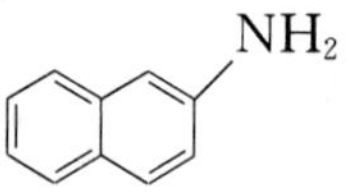 NH_2 (萘环)

二、完成下列反应

1. 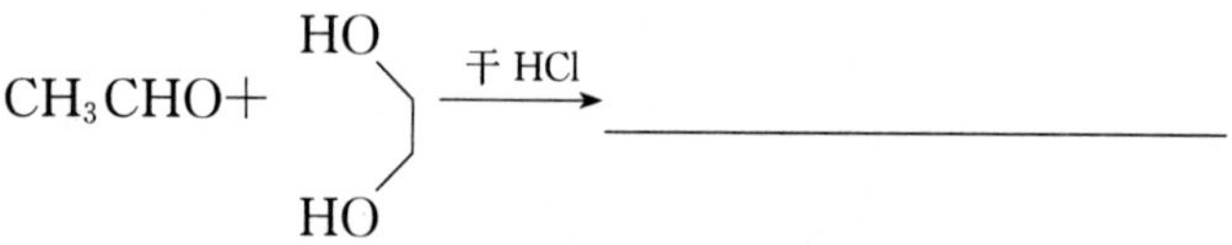 CH_3CHO+ HO—CH₂CH₂—OH $\xrightarrow{\text{干 HCl}}$ ____________________

2. (环戊基)—CH(OH)—CH_3 $\xrightarrow{NaOH/I_2}$ ____________________

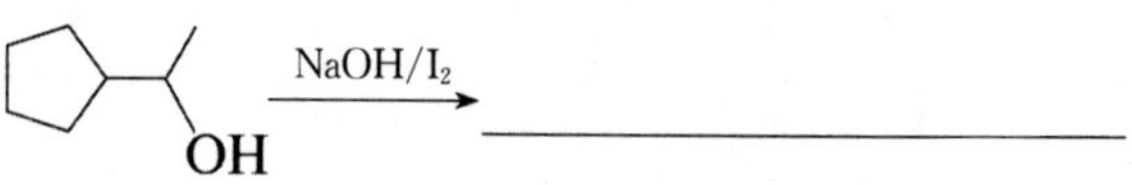

3. 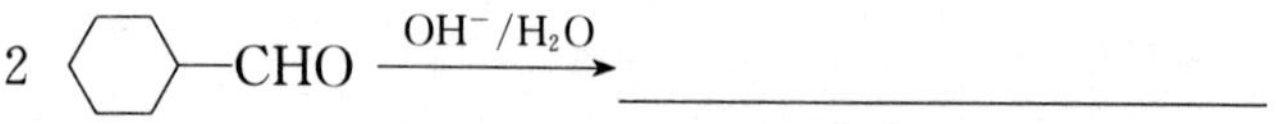 2 (环己基)—CHO $\xrightarrow{OH^-/H_2O}$ ____________________

4. (acetophenone) $\xrightarrow{C_6H_5CO_3H}$ ______

5. (3-methylcyclohex-2-en-1-one) $\xrightarrow[2)\ H_3O^+]{1)\ LiAlH_4}$ ______

6. (1-indanone) $\xrightarrow[HCl]{Zn/Hg}$ ______

7. (2-oxocyclohexanecarboxylic acid, COOH) $\xrightarrow{\triangle}$ ______

8. (1,2-benzenediacetic acid, CH_2COOH, CH_2COOH) $\xrightarrow{\triangle}$ ______

9. (salicylic acid, COOH, OH) + $CH_3\overset{O}{\overset{\|}{C}}O\overset{O}{\overset{\|}{C}}CH_3$ $\xrightarrow[\triangle]{H_3PO_4}$ ______

10. 2 (ethyl propanoate) $\xrightarrow[2)\ H^+]{1)\ EtONa}$ ______

11. (methyl 2-acetylbenzoate) $\xrightarrow[2)\ H^+]{1)\ EtONa}$ ______

12. $C_6H_5-\overset{O}{\overset{\|}{C}}-NH_2$ $\xrightarrow{Br_2/OH^-}$ ______

13. (2-methylpiperidine, N, H, CH_3) $\xrightarrow[2)\ Ag_2O/H_2O,\ \triangle]{1)\ CH_3I(过量)}$ ______

14. $Et-\overset{CH_3}{\underset{O^{\ominus}}{N^{\oplus}}}-CH_2CH_2CH_3$ $\xrightarrow{\triangle}$ ______

15. (piperidine, NH) $\xrightarrow[HCl]{NaNO_2}$ ______

16. (2,2'-dimethylene-1,1'-bicyclopentyl) $\xrightarrow{\triangle}$ ______

17. 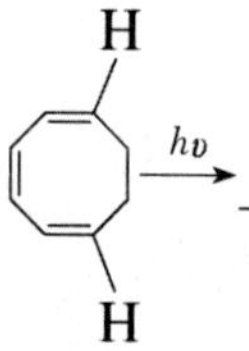 （环辛三烯结构式，H、H） $\xrightarrow{h\nu}$ ____________

18. 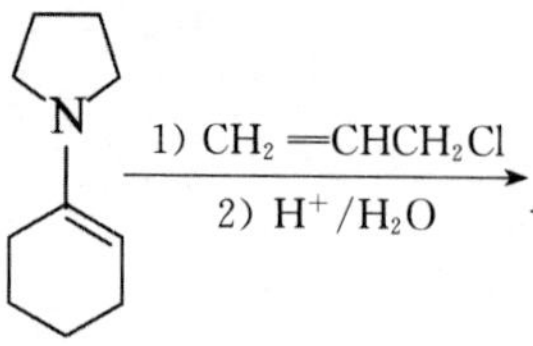 （1-吡咯烷基环己烯结构式） $\xrightarrow[2)\ H^+/H_2O]{1)\ CH_2=CHCH_2Cl}$ ____________

19. 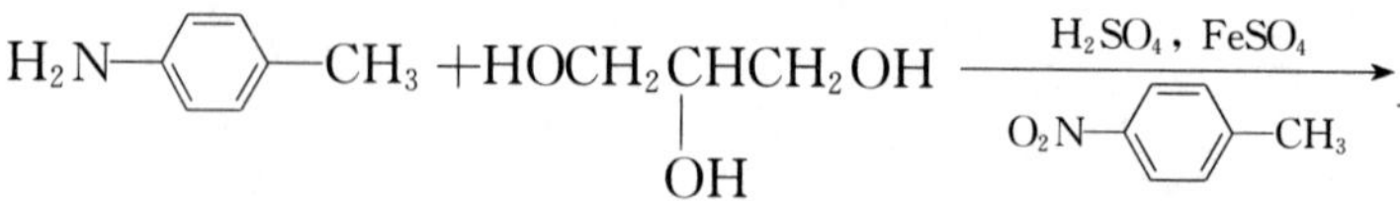 $H_2N-C_6H_4-CH_3$ + $HOCH_2CHCH_2OH$（中间C上连OH） $\xrightarrow[O_2N-C_6H_4-CH_3]{H_2SO_4,\ FeSO_4}$ ____________

20. 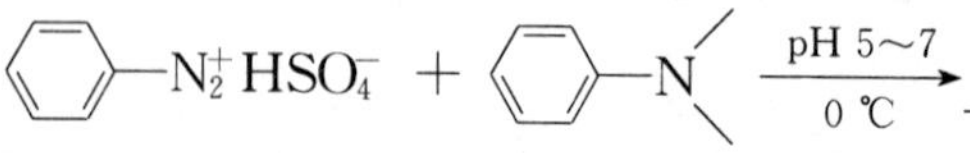 $C_6H_5-N_2^+HSO_4^-$ + $C_6H_5-N(CH_3)_2$ $\xrightarrow[0\ ℃]{pH\ 5\sim7}$ ____________

三、选择题

1. 下列醛酮中，能与斐林试剂反应的是 （　　）
   A. 苯甲醛　　B. 乙醛　　C. 丙酮　　D. 丙酸

2. 下列化合物不可以被稀酸水解的是 （　　）
   A. 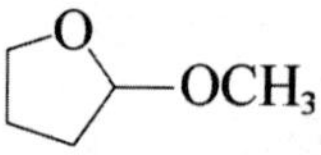 （2-甲氧基四氢呋喃，$-OCH_3$）　　B. 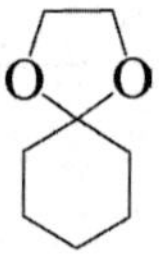 （环己酮乙二醇缩酮）　　C. 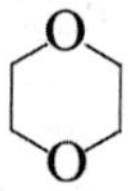 （1,4-二氧六环）　　D. 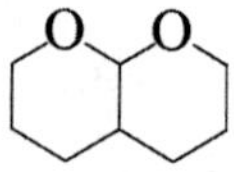 （双环缩醛结构）

3. 在 $NaOH+I_2$ 溶液作用下，能生成碘仿的是 （　　）
   A. 丙醇　　B. 丙醛　　C. 丙酮　　D. 丙酸

4. 在浓 NaOH 溶液中不能发生歧化反应的是 （　　）
   A. 环己基甲醛　　B. 甲醛　　C. 苯甲醛　　D. 叔丁基甲醛

5. 下列羧酸中，酸性最强的是 （　　）
   A. 对甲氧基苯甲酸　　B. 对甲基苯甲酸
   C. 对氯苯甲酸　　D. 对硝基苯甲酸

6. 下列各类化合物中，最易发生水解反应的是 （　　）
   A. 酰胺　　B. 酰氯　　C. 酯　　D. 酸酐

7. 乙酸甲酯与甲酸乙酯在强碱条件下进行反应，可能的产物有几种 （　　）
   A. 1 种　　B. 2 种　　C. 3 种　　D. 4 种

8. 乙醇与下列羧酸在酸催化下生成酯，反应速率最快的是 （　　）
   A. $(CH_3)_3CCOOH$　　B. CH_3CH_2COOH
   C. $(CH_3)_2CHCOOH$　　D. CH_3COOH

9. 下列基团中碱性最弱的是 （　　）
   A. Cl^-　　B. $RCOO^-$　　C. RO^-　　D. NH_2^-

10. 不能与三氯化铁发生显色反应的化合物是 （　　）
   A. 苯酚　　B. 环己醇
   C. 乙酰乙酸乙酯　　D. 2,4-戊二酮

11. 叔丁胺在分类上属于 ( )

A. 伯胺　B. 仲胺　C. 叔胺　D. 季铵盐

12. 下列化合物中，最弱的碱是 ( )

A. 氨　B. 甲胺　C. 苄胺　D. 苯胺

13. Hinsberg(兴斯堡)试剂是最重要的有机试剂之一，它用于检验 ( )

A. 醇类　B. 炔类　C. 胺类　D. 烯类

14. 与亚硝酸作用可生成致癌物质的是 ( )

A. 三甲胺　B. 二甲胺

C. 甲胺　D. 氢氧化四甲铵

15. 与 HNO_2 反应不产生 N_2 的是 ( )

A. 乙胺　B. 尿素　C. 甘氨酸　D. 二甲胺

16. 不能与氯化重氮苯发生偶联反应的是 ( )

A. *N*,*N*-二甲基苯胺　B. 苯酚

C. 苯胺　D. 硝基苯

17. 下列消除反应属于顺式共平面消除的是 ( )

A. 季铵碱的霍夫曼消除　B. 氧化叔胺的 Cope 消除

C. 卤代烃的 E2 消除　D. 醇的 E1 消除

18. 某一杂环化合物的结构如下：

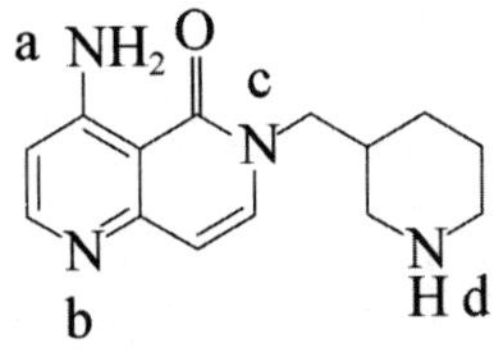

a NH_2　O　c N　N b　N H d

4 个 N 原子的碱性大小是 ( )

A. $c>a>b>d$　B. $d>a>b>c$　C. $d>b>a>c$　D. $b>c>a>d$

19. 下列化合物发生亲电取代反应速率最快的是 ( )

A. 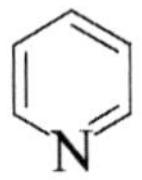 N　B. 　C. 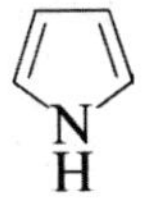 N H　D. 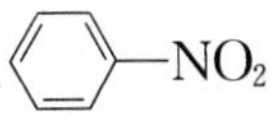 NO_2

20. α-D-吡喃葡萄糖的 Haworth 式为 ( )

A. 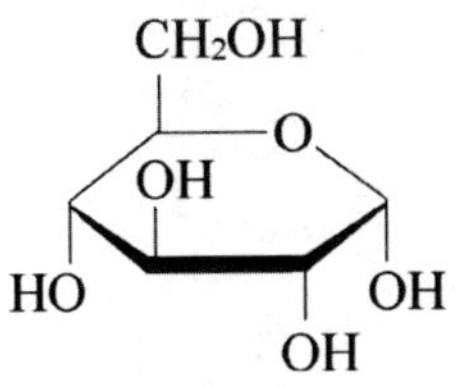 CH_2OH O OH HO OH OH

B. 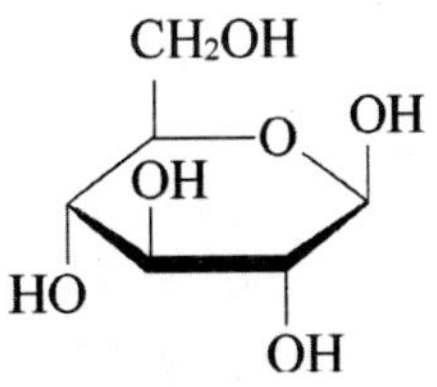 CH_2OH O OH OH HO OH

C. 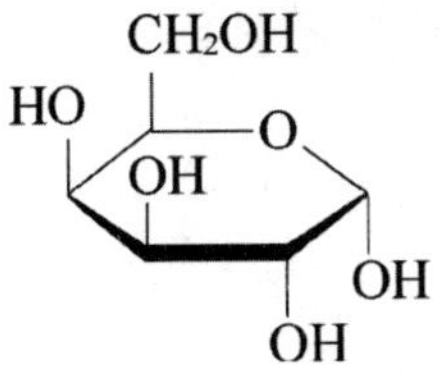 CH_2OH HO O OH OH OH

D. 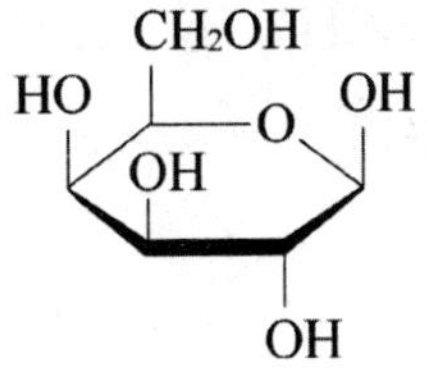 CH_2OH HO O OH OH OH

四、试就以下转变提出合理的机理

1. $CH_2(COOEt)_2 \xrightarrow[2)\ \text{环氧乙烷}]{1)\ EtONa}$ α-乙氧羰基-γ-丁内酯（五元环内酯，α位带 COOEt）

2. $CH_3\overset{\overset{O}{\|}}{C}OCH_2CH_3 \xrightarrow[H_2O]{H^+} CH_3COOH + CH_3CH_2OH$

五、由指定原料合成

1. 以丙酮、苯胺以及不超过 2 个碳的有机物为原料制备 $PhNHC(O)C(CH_3)_3$。

2. 1-茚酮（丙二酸二乙酯、甲苯以及必要无机试剂）

3. $CH_3\overset{\overset{O}{\|}}{C}\underset{\underset{CH_3}{|}}{C}HCH_2CH_3$（乙酰乙酸乙酯、不超过 2 个碳的原料）

4. 以甲苯和萘以及必要无机试剂制备苄胺。

5. 以苯以及必要无机试剂制备1,3,5-三溴苯。

六、结构推导

化合物A($C_4H_6O_4$)加热生成化合物B($C_4H_4O_3$)，当用过量的甲醇和微量的硫酸处理A时得到化合物C($C_6H_{10}O_4$)，用$LiAlH_4$处理A，再经水解得到化合物D($C_4H_{10}O_2$)，请据此推断A、B、C、D的结构。

(陈冬生)